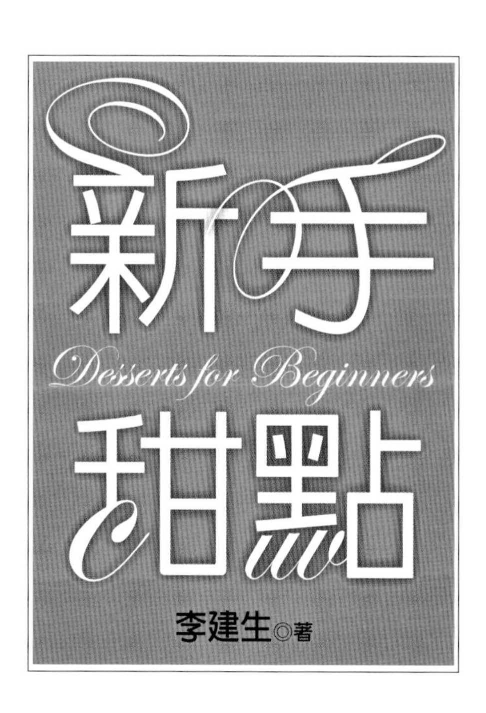
新手
Desserts for Beginners
甜點
李建生◎著

新手的樂趣

不論做任何事情，總有第一次當「新手」的時候！

那種青澀，那種好奇，那種不斷發現的驚喜，實在不是多年之後的「老油條們」能夠回想得起來的。

別看李師傅年紀輕輕的，但是對於製作點心他早已是老手了，不但能夠自行設計編排食譜、自行教育工作人員、自行調度部門人手……還有自行研發各個季節的新東西，每天忙裡忙外的以便能夠應付得了飯店裡中西餐廳的需求，甚至還要花一些巧思，在各個節慶來臨之前預做準備。當然啦！還要分出來一點點時間……去創造出讓那些慕他之名而來的小女孩粉絲們驚喜的點心。

當李師傅第一次來到我的節目中，在鏡頭前做點心，他滿臉的謹慎和好奇，當時我就告訴企劃人員説，這個年輕人了不起！能夠有這個個頭而不去打球……當運動員，能夠有這個長相……而不去把馬子胡亂玩，反而能夠紮紮實實地在糖油蛋粉裡努力鑽研，慢慢爬升到了點心房主廚的角色。

如今在李師傅經過了大飯店裡面對面的教學之後，經過了電視裡透過空中的教學之後，他要開始透過文字教大家做點心了，相信他的這本點心書……肯定能夠讓所有的讀者快快樂樂的經歷新手的樂趣。

而且他又剛剛開始嘗試「新郎」的角色，在這樣滿懷是「愛」的前題下，跟著他學點心……一定特別好吃！特別甜！

甜點樂趣，邀您一同參與

我喜歡研究甜點，更喜歡藉著甜點來交朋友，閒聊之際他們總會問到：為什麼你當時會想要走上甜點師傅這一途？我會回答他們，因為我想清楚瞭解為什麼整塊的麵糰放到烤箱會變成蓬鬆的麵包。小時候的某一天，放學後肚子好餓，身上卻只有二十元，於是就近找了一間麵包店，買了一個肉鬆麵包。好奇心讓我偶然間看到了麵糰放到烤箱居然變大了，此後我每天放學後就是去這間麵包店研究我心中的「麵糰魔術」。或許這個問題你會回答說這只是一個再單純自然不過的物理變化啊！但對於一個小學生而言，這個物理變化簡直比當時風靡全世界的大衛魔術還精采呢！

陳小妹是我的鄰居，對於西餐甜點也很熱衷，總喜歡和我閒聊她今天烤了什麼餅乾、為什麼表面會太焦、前天去哪吃了一個蛋糕感覺口感太硬，為什麼……等等，和我做意見交流，而我也會就我所知告訴她哪些需要注意的地方。其實美食就是要將自己的經驗成果和大家分享，好讓每個人的生活美學中增添豐富藝術色彩及親子創作樂趣。但是西餐甜點的領域真的太廣了，況且設備和器具也是影響一個作品是成功或是失敗的關鍵。這本書裡面的六十道西餐甜點都是非常簡單而且適合親子間利用周休二日下午茶的時間一同體會烤餅乾和小點心製作的樂趣。六十道簡易西餐甜點的做法也能讓有興趣卻不懂得如何入門的朋友們簡單就能上手，畢竟享用自己精心烘培出來的成果真的會很有成就感！

每一次推出新作品，成功與否就是取決於饕客們吃到嘴裡由內心散發出來了幸福感覺，也就是秉持這一個對甜點饕客們的信念讓我持續進修，深造將各國揚名國際的甜點美食融合台灣味推薦給各位甜點饕客。喜歡品嚐最細緻美味的甜點嗎？這本《新手甜點》推薦給您！

Contents 目錄

Part 1 基礎篇 Basic

Chocolate, Apricot Chocolate, Chocolate Pancake, Liwanzen, Chocolate Liwanzen, Crepes, Popover, Banana Cake, Marble Cake, Chocolat Classique Cake, Fruit Cake, Marrons Cake, Madeleines, Bretagne, Biscuit Dacqise Pistache, Chocolate Fri... Nuts Almond Macaroons.

Part 2 進階篇 Advanced

1 三種挑戰甜點的方法 84

Chocolate, Apricot Chocolate, Chocolate Pancake, Liwanzen, Chocolate Liwanzen, Crepes, Popover, Banana Cake, Marble Cake, Chocolat Classique Cake, Fruit Cake, Marrons Cake, Madeleines, Bretagne, Biscuit Dacqise Pistache, Chocolate Fr... Nuts Almond Macaroons.

Tools

本書使用的道具

白色烤盅

Custar

又稱為燉鍋，是製作舒芙蕾蛋糕的陶製模具；質地厚又不易冷卻，能讓舒芙蕾蛋糕不易萎縮。尺寸由極小型到10人份都有，也可用來烘焙杯型蛋糕。

威士忌杯

Old Foshion Glass Stewpot

呈圓筒直立形狀，適合擺放甜點，在上面做裝飾增添花樣。

香檳杯

Champagne Glass

又稱鬱金香香檳杯，適合擺放甜點，來增加其美感。

布丁模具

Custard Cup

可代替用來烤麵包、烤馬芬蛋糕，通常只要準備6個布丁模具，就很方便使用。建議使用導熱性佳的鋁製品。

菊花布丁模

口徑寬大、底部較小的菊花形模具。原本是用來烤奶油糕點的模具，目前利用其型態，廣泛運用於各種烘焙西點、巴伐利亞奶凍或果凍等點心。

正方形、長方形烤模

Zhengl Fang Xing Mold

烤海綿蛋糕或奶油蛋糕時所用的四角形模具。正方形烤模以18～24公分正方的尺寸較理想。由於四個角很容易積存污穢，使用後應徹底洗乾淨。

布丁模

Custar

功能同布丁模具，僅尺寸高低有差別而已。

圓形烤模

Round Pan

烤圓形蛋糕時所用的模具，又稱為蛋糕模；有基本的圓筒型、口徑略寬型。另外有底部是固定不可拆卸的圓形烤模，通常用於烤起司類蛋糕。

馬德雷妮模型

Madeleimes Model

外觀像貝殼一般，是烤鬆糕最普遍使用的模具。多半一片模具能烤9份，也有接近圓形和心形的產品，可配合烤箱大小選用。

6吋蛋糕模

是最為普遍的模具，通常用於烤海綿蛋糕。如果使用底部可拆卸的類型，在製作乳酪蛋糕或巧克力蛋糕時，就不必將蛋糕倒扣著冷卻，可輕鬆從模具中取出。

7吋塔模

用來烤塔、派、克拉夫塔的模具；邊緣呈波浪狀為基本形態，但也有邊緣是圓形或四方形的產品。如果是能拆卸底部的塔盤，可以不用倒扣材料而呈現美觀的成品，至於陶製塔模則可直接端上桌面。以直徑約20公分的塔模較方便使用。

小塔模

Round And Boat Shaped Tarlet Tins

用來烤1人份小塔時所用的模具，直徑約5～6公分，造型多為菊花形或船形，也可當鬆糕模用。同樣形狀的小塔模，可準備10個左右，就很方便使用。

小慕斯模

Broil Toast Model

意即無底的框狀模具，有圓形、方形、心形等，尺寸也十分豐富。通常是把薄海綿蛋糕和塔的材料鋪在框裡，然後塞入餡料；或者鋪底板（也有已附底板的產品）、鋪紙，當做圓形模（方形模）來使用。

慕斯杯

Mousses Cup

盛裝慕斯時，能增加其美感，並具有便利性效果。

長條蛋糕模

用來烤奶油蛋糕或水果蛋糕的長方形模具，尺寸有各種大小，但以18×18×8公分的模具較普遍。由於深度較深，若使用大尺寸模具烤蛋糕時，需要耗費較長時間才能熟透。

電子測溫器

Test Measaring

以精準的電子儀器測溫，可避免操作時的溫度誤差。

麵棍

Rolling Pin

適合擀製利用壓模所製作的西點，它能把麵皮擀成均勻厚度。有木製品、硬質塑膠製品，使用前要擦乾水分，且木製擀麵棍使用後要完全曬乾，避免發霉。

電子磅秤

Electric Scale

是測量材料重量的必需品；因為正確計量是製作點心，避免失敗的第一步。它在使用上，較有刻度的磅秤方便又準確。

計時器

Timer

能正確計算加熱時間，又能方便同時並行好幾種作業。

量匙

Spoon

擁有1大匙（15ml）、1小匙（5ml）、1/2小匙（2.5ml）、1/4小匙（1.25ml）的4支1套就很方便。選擇耐熱、不易沾上氣味的不鏽鋼製品，比塑膠製品理想。

叉子

Fork

麵糊在烤盤上塑形時，可幫助顆粒的材料在麵糊上均勻的攤開。
製作巧克力時常用的塑形工具。

刨皮器

Citrus Zester

通常用來磨碎柳橙和檸檬的外皮，將其用在製作西點時的調味或成品的裝飾上。

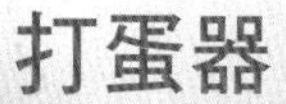

打蛋器

Stainless Steel Ballon Whisk

能夠將蛋或鮮奶油打發起泡，或混合材料。以球形及鐵絲條多、彈性佳的打蛋器較方便使用。

攪拌機

Mixer

手拿式電動攪拌機，瓦數越大，打發奶油糊、蛋糊或鮮奶油的速度就越快。

木匙

Wooden Sptula

攪拌或熬煉材料時使用的工具。另外，煮卡士達醬或壓擠材料時也會用到。依操作需要分別有長柄、圓形、方型等不同木匙可選用。

橡皮刮刀

Rubber Sptulas

可以輕輕的混合材料，或將容器中的材料刮出來。以彈性較好，可耐高温的矽製品，最值得推荐。

羊毛刷

Pastry Brush

需要刷水分或蛋液在麵糰上時使用，建議選擇毛密、不易脫落的類型。由於容易沾上氣味，因此使用後必須好好清洗、晾乾。

塑膠刮刀

Plastic Scraper

在桌面製作麵糰時，幫助濕性與乾性材料的拌合，並可將麵糰塑形成工整的形狀。

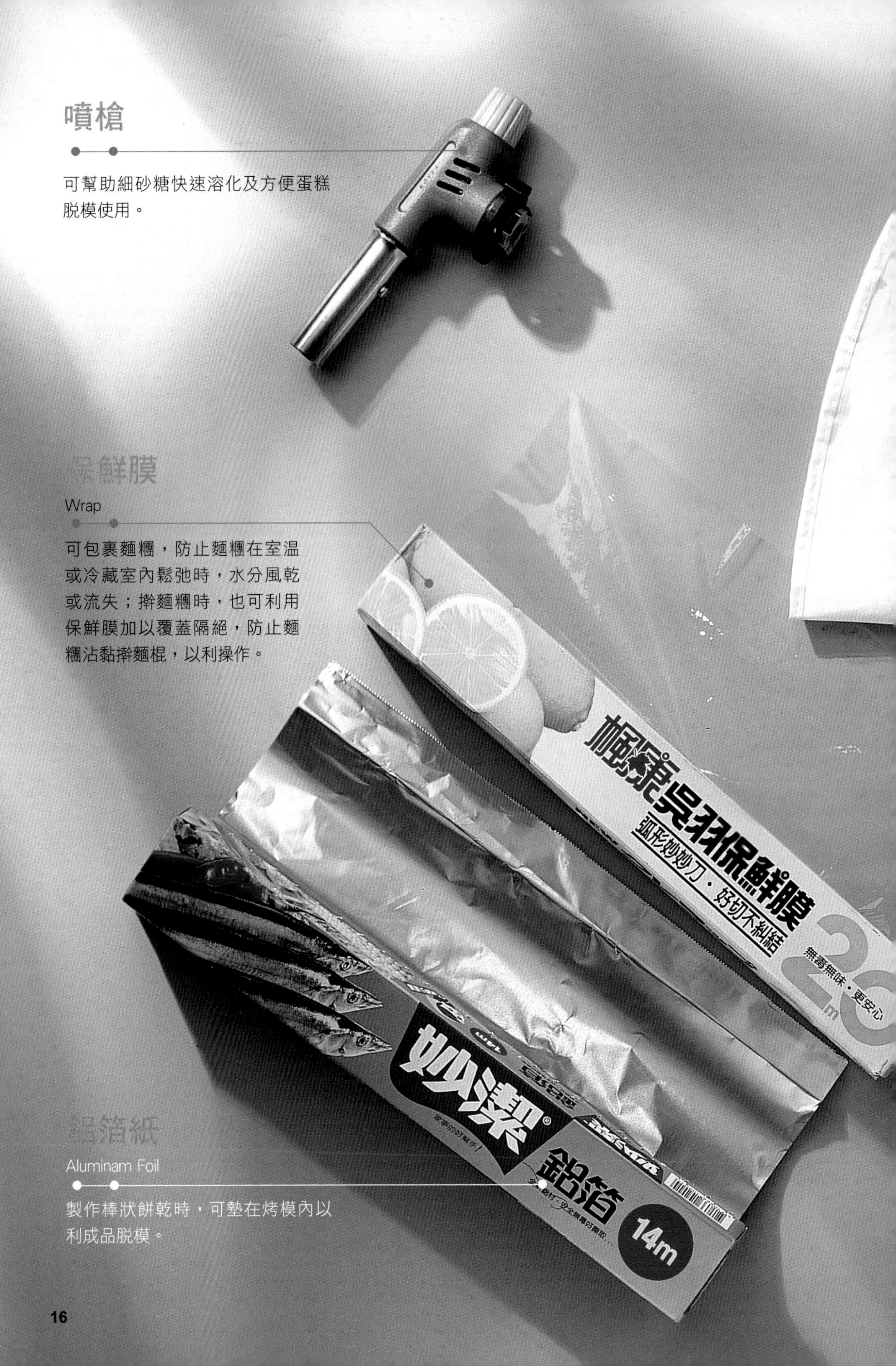

噴槍

可幫助細砂糖快速溶化及方便蛋糕脫模使用。

保鮮膜

Wrap

可包裹麵糰，防止麵糰在室溫或冷藏室內鬆弛時，水分風乾或流失；擀麵糰時，也可利用保鮮膜加以覆蓋隔絕，防止麵糰沾黏擀麵棍，以利操作。

鋁箔紙

Aluminam Foil

製作棒狀餅乾時，可墊在烤模內以利成品脫模。

Tips

套在擠花袋前端來使用。通常擁有直徑10mm的圓形擠花嘴和8mm有8個角的星形擠花嘴，即可製作大多數的點心。一般是以不鏽鋼製品為主流，不過最近的塑膠製品也大有人氣。

擠花袋

Pipng Bag

用於擠奶油或泡芙等材料，使用頻率非常高。

蛋糕紙 Parchment Paper

鋪在模具裡，烘烤時可適當吸收多餘的水分或油分，以利成品烘烤後脫模

Source

本書使用的材料

白葡萄酒

White

口感微酸的葡萄酒，簡稱廚房用酒，酒精濃度在10～16％左右，適合製作慕斯及果凍。

君度橙酒

Cointerau Liqueur

一種浸泡過橙皮和花等香料的酒。無色透明的君度橙酒，味道較淡薄，可用於增加卡士達醬和水果的香味；深色君度橙酒味道較強烈，適用於柳橙風味的西點。

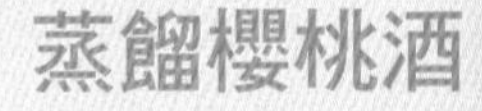

French Cherry Brandy

由櫻桃製成，是無色透明且無甜味的蒸餾酒。與水果風味的卡士達醬非常搭配。

蘭姆酒

Rum

利用甘蔗的糖蜜所製作的蒸餾酒，顏色越濃的味道也越濃厚。在西式點心添加風味或醃漬水果乾等方面經常使用。在點心製作上，以使用濃色蘭姆酒居多。

白蘭地酒

Brandy

將葡萄等水果發酵，再蒸餾而成的高級酒。在製作點心上大都是使用琥珀色的類型。

卡魯哇咖啡酒

Kahlua

酒精濃度為26.5%，適合添加在堅果、奶製品、巧克力及咖啡風味的慕斯或醬汁中，也適合直接加在牛奶或咖啡中增添風味。

B 〉奶類〉

優格

Yoghurt

以牛奶為原料添加乳酸菌發酵而成，製作西點時應選用無糖優格。優格非常適合搭配水果，所以常利用其爽口酸味和有利健康的號召，成為西點材料的熱門選項和當紅點心。

動物性鮮奶油

Whipped Cream

使用於西點製作的脂肪含量為35%～40%的產品，雖然風味濃郁又香醇，但不宜存放太久。此外脂肪含量高容易造成組織分離，所以在打發起泡時要留意。

無鹽奶油

Unsalted Butter

普通奶油多含有1%～2%的鹽分，用於製作西點不僅會阻礙甜味，也會破壞風味，故做西點時應使用無鹽奶油。記得開封後要趁早使用完畢或冷凍保存。

椰奶

Coconut Milk

由椰肉研磨加工而成，含椰子油及少量纖維質，常用於甜點中增加風味。

牛奶

Milk

即一般所稱的鮮奶，是由生牛奶加熱殺菌而成，可使西點的口感更潤滑、風味更濃，同時能補充水分。但煮沸過度易喪失風味和焦化，所以溫熱時要謹慎。

馬斯卡彭

Mascarpone

義大利產之未熟成新鮮乳酪。有類似奶油和發泡鮮奶油的風味，是製作提拉米斯（義大利乳酪蛋糕）不可或缺的材料。

奶油乳酪

Cream Cheese

牛奶添加鮮奶油，但未熟成的乳酪，略帶酸味、滑潤香醇為其特徵。由於有特殊味道，很適合製作各種乳酪蛋糕、派和慕斯的餡料。要長期保存時應加以冷凍。

Source

C〉果泥類〉

草莓果泥

新鮮草莓經由加工製作成果泥，具有爽口的酸味，廣為應用於烘焙中如：慕斯、蛋糕、果凍等。

杏桃果泥

果實較柔軟而多汁，吃起來有點酸甜的味道，加工製成果泥後，適用於慕斯、果凍等。

百香果果泥

果汁香味濃郁，富含維生素及有機酸，可稀釋加糖成消暑的清涼飲品，亦廣為運用於慕斯、果凍等。

黑醋栗果泥

為所有漿果中維他命C含量最高的。它的味道微帶苦酸味，適合製作慕斯、果凍等。

芒果果泥

芒果含高量的維他命A、B、C，經由加工製作可延長保存期限，廣泛運用於慕斯、果凍等。

栗子泥

是把新鮮栗子通過過濾器壓擠而成，並在泥狀的栗子中添加糖等調味，所做成的醬料。

覆盆子果泥

常被用來調製果醬，做為冰淇淋、蛋糕等食品的調味或增色，亦廣為烘焙中使用。

Source

D〉新鮮水果〉

草莓

Garden Strawberry

草莓適合製作西點醬汁、蛋奶酥或冰淇淋（Ice Cream）。也可利用其顏色、形狀，製作鬆糕或千層糕的夾心餡料，或是用來裝飾點心也很棒。

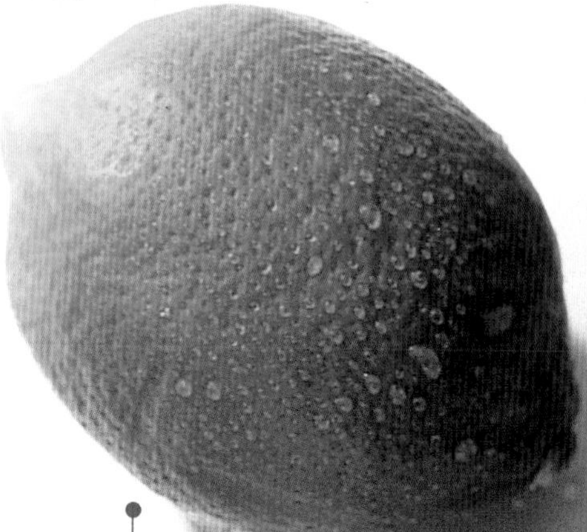

芒果

Mango

芒果是一種多用途的水果，但果味濃厚，較不適宜和其他水果綜合食用。但芒果冰淇淋或以香草調味的芒果冰品，與奶油乳酪（Cream cheese）調製的芒果點心，都是非常精美可口的甜點。除此之外，芒果亦適合製成派或塔類的餡料，或是糖漬、果泥、冰淇淋與各式飲料等。

檸檬

Lemon

檸檬汁和磨碎的檸檬皮，都可添加在西點材料或是卡士達醬中來增加風味。而且檸檬汁還具有防止其他水果變色的作用。

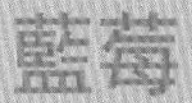

藍莓

Gooseberry

藍莓帶有一些甜味和酸味，是很受歡迎的莓類。可混合在馬芬鬆糕等材料中，或利用其美麗的深藍色做為裝飾用。

香吉士

Navel Orange

在糕點的製作上，香吉士果肉可裝飾蛋糕和製作點心，至於果皮香氣濃郁，切碎或磨碎後使用可增加風味，也可以製成果醬與蜜餞。

奇異果

Kiwi Fruit

奇異果含有豐富的維他命C，並帶有爽口的酸味和甜味。由於切片的形態十分漂亮，常被用來裝飾塔和蛋糕等。

櫻桃

Cherry

使用紅黑色的大顆櫻桃，泡在白蘭地酒中醃漬可製成酒漬櫻桃，將它混合在發泡鮮奶油中，亦可做為鬆餅、蛋糕等餡料，或裝飾在西點蛋糕上面。

E 〉乾果・餅乾類〉

OREO餅乾

OREO巧克力餅乾是一種市售餅，除直接食用外，磨碎後常用來當做乳酪蛋糕或慕斯墊底用；使用前需先將夾心糖霜取出，只使用餅乾本身即可。

消化餅乾

口感酥脆，添加在西點中會有不同風味的呈現，適合搭配起司蛋糕及製作餅乾（已經是消化餅乾了，請問要再如何製做餅乾）食用。

杏仁果粒

製作點心常會用到的食材，富含油脂。

奇福餅乾

帶有少許的甜鹹味，利用其純樸風味和香氣，可用來製作乳酪蛋糕以襯托香味。

黑巧克力

將可可豆的種子胚乳加以磨碎成泥狀，再凝固而成的產品，由於不甜，所以又稱為苦甜巧克力，純度在55%～71%左右，塊狀的苦甜巧克力需切碎再隔水加熱融化。

開心果

屬高價位的食材，西點製作上使用無殼開心果，並先經熱水燙過，去除薄膜，利用其鮮綠的顏色，做為蛋糕和巧克力的裝飾物。

杏仁片

粉末狀的杏仁粉常被添加在材料和乳脂醬中；把杏仁切片、切絲、切碎則可用來裝飾；也有整粒放入於巧克力球中。

榛果粒

可作為西式點心的裝飾或添加風味上使用，尤其是混合在巧克力或冰淇淋等情形頗多。

牛奶巧克力

由可可粉、可可奶油、砂糖、奶粉所構成的西點用巧克力，味道非常香醇。

核桃

可以整粒用來裝飾或是壓碎，不過，添加在西點製作上時，最好先烤十分鐘，讓內部水分烘乾再使用。

圓糯米

經泡水軟化後，加以蒸煮呈香Q米飯狀，適合慕斯、果凍及布丁的製作。

糖漬栗子

將栗子的果實煮熟去皮，經加工處理後密封成罐裝。市售分為金黃色與咖啡色兩種不同品種，因甜度不濃故開封後應儘早使用完畢；除了直接食用之外，還可以混合在烘烤點心或冰淇淋裡。

F〈調味類〉

玉桂條

玉桂即肉桂，是將原產於斯里蘭卡屬於楠木科的樹皮剝下，加以乾燥而成的香料。由2張皮重疊捲成棒狀的肉桂棒，具有甜又爽口的高雅香味，微甜微辣。

蜜紅豆

經過糖蜜加工所製成的煮熟紅豆，微甜並有香味，常添加在蛋糕及麵包中以增加風味。

荳蔻粉

具有刺激性的甜香和微苦，除了使用於絞肉或乳製品的料理之外，在餅乾或甜甜圈、麵包的製作上也會使用。

糖漬紅櫻桃粒

使用紅黑色的大顆櫻桃醃漬糖漿而成。混合在發泡鮮奶油等，可做為鬆餅、蛋糕等的餡料。

伯爵茶

茶葉經由加工處理後香味濃郁，省事又方便利用。

香草精

一般的香草精為咖啡色液體，是將香草豆莢放在酒精溶液中軟化，來汲取它的香味，一加侖的香草精約需要 13.35 盎司的香草豆莢和 35% 的酒精。

冰糖

晶狀比細砂糖還要大，且精緻度更高的砂糖。可使用為糖果、果醬、軟糖等的材料，也用來製作水果酒。

紅醋栗

原產於歐洲與亞洲的漿果，果實呈紅色，如葡萄般成串，盛產於六、七月間。主要用於製糖漿、果凍、果醬、果汁與酒或蛋糕裝飾。

無糖可可粉

由可可塊去除可可奶油，再磨成粉末狀的成品，口感帶有苦味，使用前需先過篩。可添加在蛋糕和小西點的材料中，或撒在完成品上層。

糖漬桔皮丁

桔皮經過糖蜜加工所製成，微甜並有香橙味，常添加在蛋糕或麵包及餅乾麵糰中，以增添風味。

罐頭橘子片

由新鮮橘子加工製成罐頭，應用於裝飾蛋糕及製作果凍、慕斯時使用。

黑胡椒粉

除用在中、西式料理調味外，添加在餅乾中會有辛香辣味的口感。

即溶咖啡粉

由咖啡豆抽出汁液乾燥而成。製作西點時先於熱水或酒裡溶解後，才混合於西點材料或卡士達醬中，能散發香味和色澤。

抹茶粉

含兒茶素、維生素C、纖維素及礦物質，為受歡迎的健康食材，常添加在西點中，增加風味與色澤。

工研白醋

應用於烘焙料理中主要功能是軟化麵糰筋度，以及延長麵糰保存期限。

Source

G 〉乾粉・糖類〉

糖粉 Icing Suger

呈白色粉末狀，有些市售的糖粉內含有少量的玉米粉，以防止結粒，易溶於液體中，添加在餅乾麵糰中，可使烘烤後的成品較不易擴散。

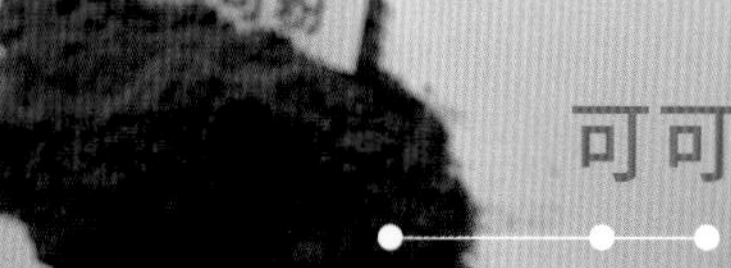

可可粉

可可粉和巧克力一樣，都是由可可豆提煉出來的，可可豆可提煉出可可油，油脂再精煉出巧克力，剩下的研磨出來就是可可粉，可添加在蛋糕和小西點的材料中，或撒在完成品上層。

玉米粉 Corn Starch

用玉米製成的澱粉，呈白色粉末狀，具有凝膠的特性，有時混合在麵粉中使蛋糕更鬆軟，有時利用加熱會呈糊狀的特性，增添西點調味風味。

低筋麵粉 Cake Flour

製作蛋糕及餅乾的主要粉料，容易吸收空氣中的濕氣而結粒，使用前必須先過篩。

小蘇打粉 Baking Soda

簡稱B.S.，呈白色粉末狀，為鹼性的化學添加劑，可與酸性食材產生中和作用，添加在蛋糕及餅乾中，可使組織具有膨鬆、鬆軟的作用。

杏仁粉 Almond Powder

由整粒的杏仁豆研磨而成，呈淡黃色、無味，可添加於烘焙烤點心的材料裡，或者和奶油混合使用。

卡士達粉

屬於澱粉類之一，適用於製作卡士達餡及慕斯與蛋糕。

果凍粉

動物的骨和皮，萃取出的蛋白質之膠質為主要成分，要用水溶解做為凝固的效果。使用於果凍及慕斯中。

吉利丁片

以魚的骨、皮等為主成分的膠原所做的凝固劑。有透明板狀的吉利丁片，可以用冰水充分泡開後，加在材料的液體裡混合。

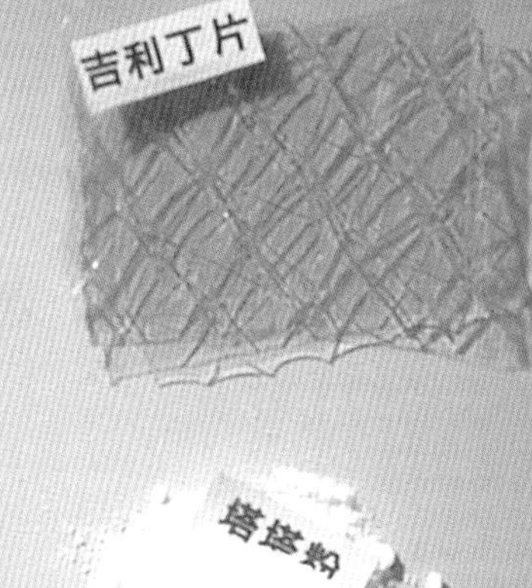

榛果粉

由榛果加工而成的粉末狀，脂肪含量多，又有濃郁香味，使用添加於蛋糕、餅乾和手工巧克力上最佳。

塔塔粉 Cream of Tartar

呈白色粉末狀，是打發蛋白時的添加物，屬於酸性物質，能使打發的蛋白具光澤、細緻感。

細砂糖

以甘蔗為原料的砂糖，有獨特的濃味和美味。粒子細故容易融化及攪拌，在烘焙上廣為使用。

泡打粉 Icing Suger

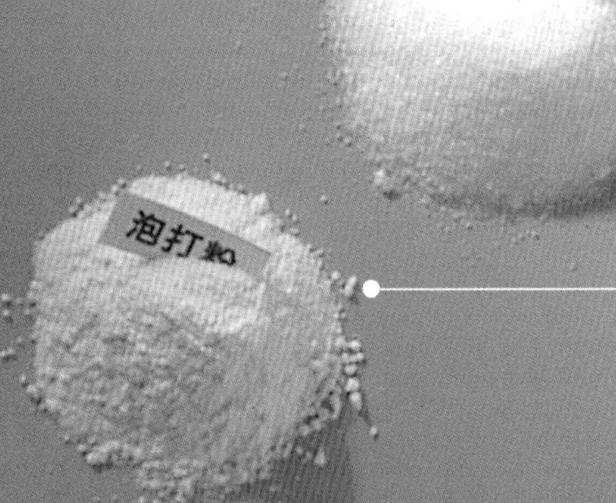

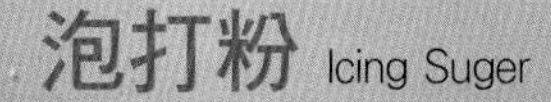

呈白色粉末狀，有些市售的糖粉內含有少量的玉米粉，以防止結粒，易溶於液體中，添加在餅乾麵糰中，可使烘烤後的成品較不易擴散。

Cream Caramel, Mocha Pudding, France Pudding, Tea Pudding, Green Tea Pudding, Mango Strawberry Jelly, Carame Yoghoart, Orange Jelly, Rice Pomelo Jelly, Grapefruit Pepper Jelly, Cream Chocolate, Chocolate, Hazelnut Chocolate, Mango Chocolate, Apricot Chocolate, Chocolate Pancake, Liwanzen, Chocolate Liwanzen, Crepes, Popover, Banana Cake, Marble Cake, Chocolat Classique Cake, Fruit Cake, Marrons Cake, Madeleines, Bretagne, Biscuit Dacqise Pistache, Chocolate Fritter Nuts Almond Macaroons.

Cream Caramel, Mocha Pudding, France Pudding, Tea Pudding, Green Tea Pudding, Mango Strawberry Jelly, Carame Yoghoart, Orange Jelly, Rice Pomelo Jelly, Grapefruit Pepper Jelly, Cream Chocolate, Chocolate, Hazelnut Chocolate, Mango Chocolate, Apricot Chocolate, Chocolate Pancake, Liwanzen, Chocolate Liwanzen, Crepes, Popover, Banana Cake, Marble Cake, Chocolat Classique Cake, Fruit Cake, Marrons Cake, Madeleines, Bretagne, Biscuit Dacqise Pistache, Chocolate Fritter Nuts Almond Macaroons.

Part 1 Basic 基礎篇

拋開擔憂、退縮的腳步，讓我們隨著心情的變化，

從廚櫃裡找出各種點心材料，搬出琳瑯滿目的各式烘焙工具，

然後彷彿神仙教母的魔法棒般，輕輕一揮灑，

喔！我知道你一定也像仙蒂瑞拉（灰姑娘）一樣，

帶著充滿驚喜的表情，露出滿足的微笑，

趕赴這場熱鬧展開的點心舞會。

相信你自己！動手做點心，就是這麼簡單和快樂！！

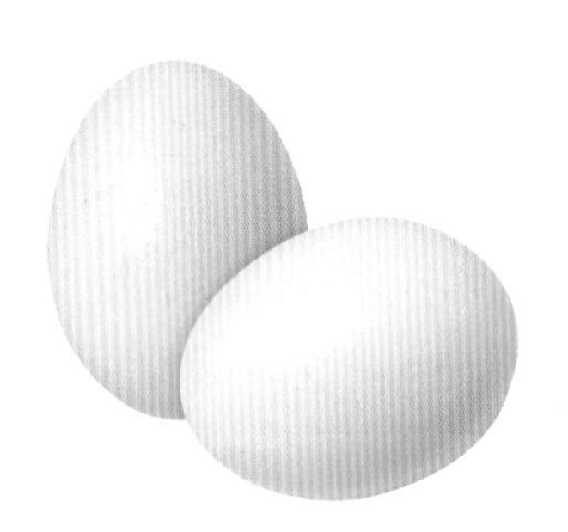

誰說做點心一定要有低筋麵粉呢？

雞蛋＋牛奶、水果泥＋吉利丁片、巧克力＋動物性鮮奶油，

試試看——

充滿焦糖甜蜜香味的焦糖布丁、摩卡布丁、法式烤布蕾；

軟中帶Q的芒果草莓凍、焦糖奶酪、米香柚子凍；

還是原味就很迷人的生巧克力塊、榛果巧克力、杏果巧克力

即使少了麵粉的揉捏撮合，依然能變化出各種你意想不到的驚喜，

這就是做點心的魅力！

簡單的配方，就能烘烤出幸福的甜味！

1 Dessert

不用麵粉也能做的 點心

- 超人氣布丁登場
  - 焦糖布丁 Cream Caramel
  - 摩卡布丁 Mocha Pudding
  - 法式烤布蕾 France Pudding
  - 伯爵茶布丁 Tea Pudding
  - 日式抹茶布丁 Green Tea Pudding
- 果凍的魔術時間
  - 芒果草莓凍 Mango Strawberry Jelly
  - 焦糖奶酪 Caramel Yoghoart
  - 橙味果凍 Orange Jelly
  - 米香柚子凍 Rice Pomelo Jelly
  - 胡椒葡萄柚凍 Grapefruit Pepper Jelly

焦糖布丁
Cream Caramel

成品份量
約7個

焦糖布丁 Cream Caramel

材料

A **焦糖** → 細砂糖80g 水30ml 熱水40ml

B **布丁水** → 牛奶420ml 細砂糖70g 香草精1小匙 雞蛋4個

C **裝飾** → 草莓切片、奇異果切片、罐頭橘子片各適量

烘焙計時

溫度 → 上火150℃/下火160℃

時間 → 45分鐘

做法

1. **焦糖**：將細砂糖、水倒入單柄鍋中，拌勻後靜置不動，加熱至170℃，至其呈金黃色後，再分次加入熱水，用木匙以順時鐘方向拌勻（圖a）。
2. 煮好的焦糖，每杯以約1大匙份量，舀進布丁杯內（圖b），冷卻備用。
3. **布丁水**：將2/3的牛奶（280ml）、細砂糖及香草精一同加熱煮至50℃，拌勻溶解後備用。
4. 剩下1/3的牛奶（140ml）及雞蛋拌勻後，慢慢加入做法3中，拌勻後過篩（圖c、圖d）。
5. 將布丁水倒入布丁杯內至全滿（圖e），再把布丁杯擺至烤盤上，烤盤內加水至布丁杯約1/3處高（圖f）。
6. 烤箱預熱後，以上火150℃、下火160℃，採隔水半烤半蒸方式，烤約45分鐘左右，烤至布丁表面凝固即可。
7. **裝飾**：待布丁冷涼後，將其放入冰箱冷藏約4小時，取出倒扣至盤內脫模，再將草莓切片、奇異果切片、罐頭橘子片裝飾在布丁上面即可。

- 細砂糖和水加熱中禁止攪拌，以避免細砂糖形成結晶凝固狀。
- 牛奶勿煮至沸騰，會影響布丁表面容易產生小氣泡。
- 烤布丁時請注意時間的掌控，溫度過高及時間太長會產生氣泡，使布丁口感變粗。

材料

A | **焦糖** → 細砂糖80g　水30ml　熱水40ml

B | **布丁水** → 牛奶260ml　細砂糖50g　即溶咖啡粉5g　雞蛋2個

C | **裝飾** → 紅醋栗、薄荷葉、巧克力、糖粉、金箔各適量

烘焙計時

溫度 → 上火150℃/下火160℃

時間 → 45分鐘

做法

1 | **焦糖**：將細砂糖、水倒入單柄鍋中，拌勻後靜置不動，加熱至170℃，至其呈金黃色後，再分次加入熱水，用木匙以順時鐘方向拌勻。

2 | 煮好的焦糖，每杯以約1大匙份量，舀進布丁杯內，冷卻備用。

3 | **布丁水**：將2/3的牛奶（約174ml）、細砂糖、即溶咖啡粉一同加熱，拌勻溶解後備用。

4 | 剩下1/3的牛奶（約86ml）及雞蛋拌勻後，慢慢加入做法3中，拌勻後過篩。

5 | 將布丁水倒入布丁杯內至全滿，再把布丁杯擺至烤盤上，烤盤內加水至布丁杯約1/3處高。

6 | 烤箱預熱後，以上火150℃、下火160℃，採隔水半烤半蒸方式，烤約45分鐘左右，烤至布丁表面凝固即可。

7 | **裝飾**：待布丁冷涼後，將其放入冰箱冷藏約4小時，取出倒蓋至盤內脫模，再將紅醋栗、薄荷葉、巧克力、糖粉、金箔裝飾在布丁上面即可。

成品份量 約6個

摩卡布丁 Mocha Pudding

a

b

材料

動物性鮮奶油400ml 香草豆莢1/2條 細砂糖65g 牛奶160ml 蛋黃5個

烘焙計時

溫度 → 上火150℃/下火160℃ **時間** → 45分鐘

做法

1. 將動物性鮮奶油、香草豆莢、細砂糖一同加熱，拌勻溶解後備用。
2. 牛奶、蛋黃混合後，將做法1加入拌勻，過篩後裝入量杯內。
3. 將調好的布丁水倒入模具內至全滿，再把布丁杯擺至烤盤上，烤盤內加水至布丁杯約1/3處高。
4. 烤箱預熱後，以上火150℃、下火160℃，採隔水半烤半蒸方式，烤約45分鐘左右，烤至布丁表面凝固即可。
5. 待布丁冷涼後，將其放入冰箱冷藏約4小時，取出後在布丁上灑一層薄薄的砂糖（圖a），再以噴槍加熱至糖呈金黃色（圖b），續放入冰箱內冷藏至糖面結晶即可享用。

阿生師傳說

● 以噴槍烤焦糖糖面完成後，須待其冷卻後方可享用。

法式烤布蕾 France Pudding

成品份量 約6個

伯爵茶布丁
Tea Pudding

成品份量
約6個

材料

A　**焦糖** → 細砂糖80g　水30ml　熱水40ml

B　**布丁水** → 牛奶265ml　伯爵茶15g　牛奶185ml　細砂糖50g　雞蛋2個　白蘭地10ml

C　**裝飾** → 薄荷葉、草莓切片各適量

烘焙計時

溫度 → 上火150℃ /下火160℃

時間 → 45分鐘

做法

1. **焦糖**：將細砂糖、水倒入單柄鍋中，拌勻後靜置不動，加熱至170℃，至其呈金黃色後，再分次加入熱水，用木匙以順時鐘方向拌勻。
2. 煮好的焦糖，每杯以約1大匙份量，舀進布丁杯內，冷卻備用。
3. **布丁水**：將265ml牛奶煮沸後熄火，把伯爵茶加進去，浸泡約15分鐘左右，把茶葉過濾掉。
4. 將185ml牛奶和細砂糖一同加熱，煮至糖溶解後，加入做法3的牛奶伯爵茶，再加入雞蛋及白蘭地，拌勻後過濾一次。
5. 將布丁水倒入布丁杯內至全滿，再把布丁杯擺至烤盤上，烤盤內加水至布丁杯約1/3處高。
6. 烤箱預熱後，以上火150℃、下火160℃，採隔水半烤半蒸方式，烤約45分鐘左右，烤至布丁表面凝固即可。
7. **裝飾**：待布丁冷涼後，將其放入冰箱冷藏約4小時，取出倒扣至盤內脫模，再將草莓切片裝飾在布丁上面，薄荷葉擺放在盤子旁邊即可。

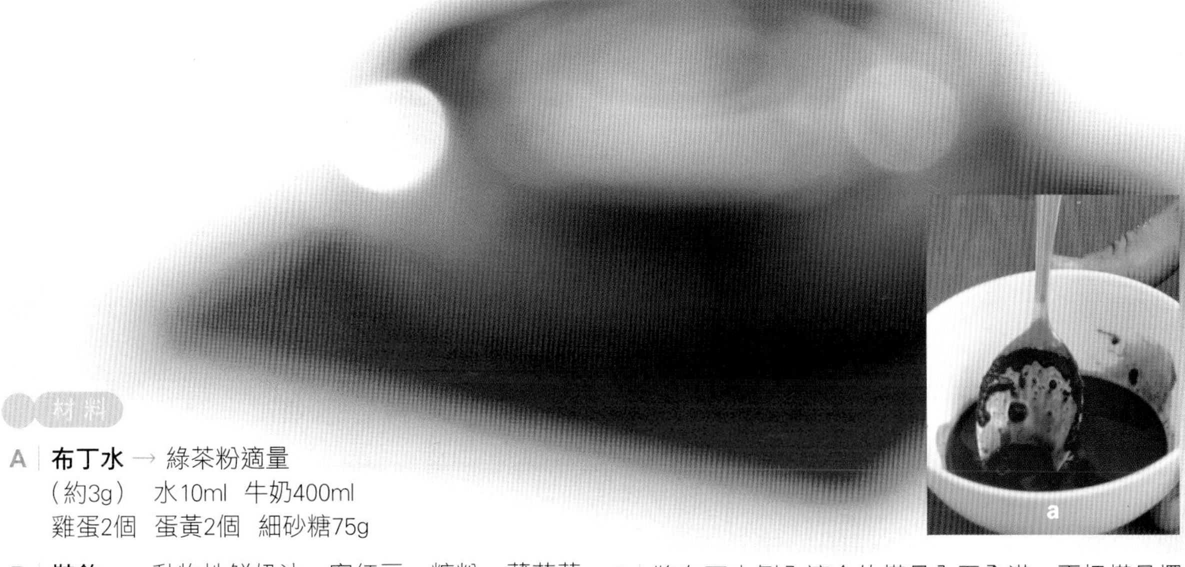

材料

A 布丁水 → 綠茶粉適量（約3g） 水10ml 牛奶400ml 雞蛋2個 蛋黃2個 細砂糖75g

B 裝飾 → 動物性鮮奶油、蜜紅豆、糖粉、薄荷葉各適量

烘焙計時

溫度 → 溫度：上火150℃/下火160℃

時間 → 45分鐘

做法

1 布丁水：將綠茶粉和水用湯匙攪勻後（圖a），加入1/3的牛奶（135ml）、雞蛋及蛋黃混合均勻後備用。

2 把剩下2/3的牛奶（265ml）和細砂糖同煮，煮至糖溶解後，慢慢將其加入做法1中混合均勻，過篩備用。

3 將布丁水倒入適合的模具內至全滿，再把模具擺至烤盤上，烤盤內加水至模具約1/3處高。

4 烤箱預熱後，以上火150℃、下火160℃，採隔水半烤半蒸方式，烤約45分鐘左右，烤至布丁表面凝固即可。

5 裝飾：待布丁冷涼後，將其放入冰箱冷藏約4小時，取出後在布丁表面，隨意淋上動物性鮮奶油，放幾粒蜜紅豆，並灑上糖粉，最後點綴薄荷葉即可。

阿生師傳說

●布丁水倒入模具內後，請立即放進烤箱烘烤，以避免綠茶粉沉澱。

日式抹茶布丁
Green Tea Pudding

成品份量 約4個

芒果草莓凍

Mango Strawberry Jelly

成品份量
約3杯

芒果草莓凍 Mango Strawberry Jelly

材料

A **芒果凍** → 吉利丁片1/2片 芒果果泥90g 細砂糖15g 檸檬汁10ml

B **草莓凍** → 吉利丁片1/2片 草莓果泥100g 細砂糖30g

C **君度橙酒凍** → 吉利丁片1片 飲用水75ml 細砂糖50g 君度橙酒5ml

D **裝飾** → 奇異果切丁 紅醋栗、白巧克力、薄荷葉、糖粉各適量

做法

1 **芒果凍**：取適量的冷開水加些許冰塊，把吉利丁片放入，讓其泡軟後備用。

2 將芒果果泥和細砂糖一同加熱，煮至糖溶解後熄火，待稍涼後將做法1的吉利丁片加入（圖a），再倒入檸檬汁，用橡皮刮刀充分拌勻。

3 **草莓凍**：取適量的冷開水加些許冰塊，把吉利丁片放入，讓其泡軟後備用。

4 將草莓果泥和細砂糖一同加熱，煮至糖溶解後熄火，待稍涼後將做法3的吉利丁片加入，用橡皮刮刀充分拌勻，備用。

5 **君度橙酒凍**：取適量的冷開水加些許冰塊，把吉利丁片放入，讓其泡軟後備用。

6 將飲用水和細砂糖一同加熱，煮至糖溶解後熄火，待稍涼後將做法5的吉利丁片加入，再倒入君度橙酒，充分混合均勻。

7 準備一個雞尾酒杯，先倒入芒果凍至杯子1/3的高度，冷藏至凝固後取出，先擺放適量的奇異果丁，再倒入君度橙酒凍至杯子2/3的高度（圖b），將其冷藏至凝固後取出，最後倒入草莓凍至杯子的九分滿（圖c），放進冰箱冷藏至凝固。

8 **裝飾**：可在芒果草莓凍上面，隨意放上紅醋栗、白巧克力、薄荷葉，並灑上糖粉即可。

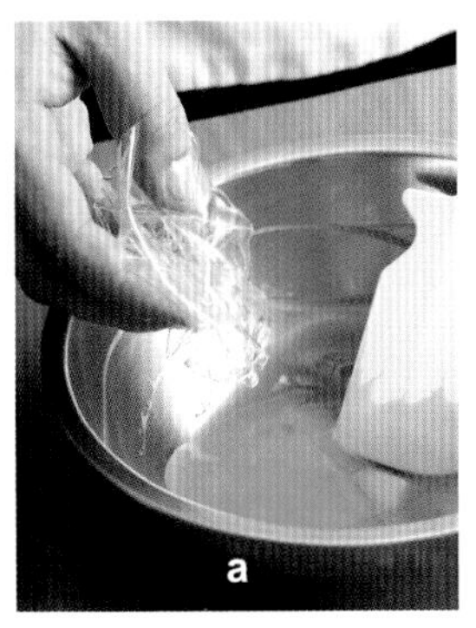
a

b

c

● 吉利丁片須先用冰水浸泡至軟化後（約20分鐘左右），撈出瀝乾水分再使用，如果未使用冰水浸泡，吉利丁片容易與常溫下的水溶合。

● 勿將溫度超過80°C的果泥，直接加入已泡軟的吉利丁片，否則易破壞吉利丁片的凝結組織。

材料

A | **焦糖** → 細砂糖50g 水25ml 動物性鮮奶油50ml

B | **奶酪水** → 果凍粉10g 細砂糖20g 牛奶240ml 動物性鮮奶油90ml 細砂糖15g 香草精適量 水35ml

C | **裝飾** → 焦糖、白巧克力、黑巧克力、已打發的動物性鮮奶油、紅醋栗、薄荷葉、開心果、奇異果切片、罐頭橘子片各適量

做法

1 | **焦糖**：將動物性鮮奶油加熱至微溫狀態，備用。

2 | 將細砂糖、水倒入單柄鍋中，拌勻後靜置不動，加熱至170℃，至其呈金黃色後，再分次加入微溫的動物性鮮奶油，用木匙拌勻備用（圖a）。

3 | **奶酪水**：果凍粉和20g細砂糖放在小碗中，攪拌均勻備用。

4 | 將牛奶、動物性鮮奶油、15g細砂糖、香草精和水一同加熱後，將做法**2**倒進來，用打蛋器充分拌勻（圖b）。

5 | 將奶酪水倒入布丁杯內至全滿，放進冰箱冷藏3小時至奶酪凝固後，即可脫模。

6 | **裝飾**：用湯匙取適量焦糖，以不規格線條裝飾盤子（圖c），再把奶酪放在其上，隨意擺上白巧克力、黑巧克力、已打發的動物性鮮奶油、紅醋栗、薄荷葉、開心果、奇異果切片、罐頭橘子片即可。

焦糖奶酪

Caramel Yoghourt

成品份量 4份

材料

果凍粉15g 細砂糖10g
香吉士果汁300ml 水100ml
細砂糖55g 君度橙酒15ml

做法

1. 將果凍粉和10g細砂糖放在小碗中，攪拌均勻備用。
2. 將香吉士果汁、水和55g細砂糖一同煮沸，再把做法1加進去，用打蛋器充分拌勻。
3. 最後加入君度橙酒混合均勻，便可以將其慢慢倒入雞尾酒杯中，放進冰箱冷藏凝固後，即可享用。

成品份量
4份

橙味果凍
Orange Jelly

阿生師傳說

●吉利丁可分為粉狀及片狀，都是由動物的骨膠提煉而製成的。在西點使用中採用吉利丁片居多，因為片狀的吉利丁比粉狀吉利丁較具透明感，也較無腥味。

米香柚子凍

Rice Pomelo Jelly

成品份量 約3份

材料

A｜**糯米餡** → 圓糯米75g 牛奶80ml 水200ml 香草豆莢1/2條 香吉士1個 細砂糖30g

B｜**柚子茶凍** → 吉利丁2片 柚子茶果醬100g 水150ml

C｜**裝飾** → 糖粉、薄荷葉各適量

做法

1｜**糯米餡**：圓糯米洗淨，泡水3小時，讓米粒呈微軟狀。

2｜泡軟的圓糯米、牛奶、水及香草豆莢一同加熱（圖a），用打蛋器持續攪拌至黏稠狀。

3｜刨入香吉士皮絲，並加入細砂糖，混合均勻後備用（圖b）。

4｜**柚子茶凍**：取適量的冷開水加些許冰塊，把吉利丁片放入，讓其泡軟後備用。

5｜將柚子茶果醬和水一同煮至沸騰，稍稍降溫後，加入已泡軟的吉利丁片，用橡皮刮刀拌勻。

6｜將糯米餡填入雞尾酒杯至六分滿，再加入柚子茶凍至八分滿，放進冰箱冷藏至其凝固

7｜**裝飾**：在米香柚子凍上，灑上糖粉並點綴薄荷葉即可。

a b

阿生師傳說

可利用刨皮器或擦薑板，將香吉士外皮刮下，但需注意，盡量取表皮部分，不要刮到白色筋膜，以免苦澀。

胡椒葡萄柚凍

Grapefruit Pepper Jelly

成品份量
3份

材料

A｜香吉士1個　葡萄柚1個　吉利丁片2片　香吉士果汁75ml　葡萄柚果汁25ml　細砂糖45g　黑胡椒粉1/4小匙　白葡萄酒75ml　香草豆莢1/4條

B｜**裝飾** → 白巧克力、薄荷葉各適量

做法

1｜將香吉士和葡萄柚去皮後，取出果肉，切塊狀備用。

2｜取適量的冷開水加些許冰塊，把吉利丁片放入，讓其泡軟後備用。

3｜將香吉士果汁、葡萄柚果汁、細砂糖、黑胡椒粉、白葡萄酒和香草豆莢一同加熱煮沸，稍稍降溫後，加入已泡軟的吉利丁片，用橡皮刮刀拌勻備用。

4｜先將已切塊的香吉士和葡萄柚果肉擺入雞尾酒杯內，再慢慢將做法**3**倒入杯中至九分滿，放進冰箱冷藏至凝固。

5｜**裝飾**：可擺上白巧克力和薄荷葉，增加美觀。

首款巧克力美食誕生

西元1674年，正當全歐洲仍然將巧克力視為極品飲料之際，英國的甜品師傅已開始發揮創意，將可可粉加入蛋糕當中，這是全球首款利用巧克力製作的西點。另一款新創意在十七世紀末出現，並於十八世紀路易十五統治時期在法國興起，就是巧克力糖。法國人將巧克力糖放入精緻的糖果罐中隨身攜帶，方便隨時享用，因而風靡一時。

開啟甜點之門的鑰匙

巧克力

- 生巧克力塊 Cream Chocolate
- 傳統巧克力 Chocolate
- 榛果巧克力 Hazelnut Chocolate
- 芒果磚塊 Mango Chocolate
- 杏果巧克力 Apricot Chocolate

在古老的傳說裡，巧克力是祭典儀式中神聖的飲料，據說喝了以後，可以保持身體健康並延長壽命，而且在當時，巧克力是很珍貴的飲品，只有貴族才能享用。

據說最先發現巧克力的西洋人是發現美洲大陸的哥倫布。1502年8月15日，哥倫布在現今的北美地區發現了正在進行探險且堆滿著交易貨物的船，而堆積貨物中便有著可可亞豆，而此傳說是根據哥倫布之子的記載而來。

雖說是哥倫布首先發現可可樹，但實際上是來自西班牙的征服者最先發現，可可豆原來是「長在樹上的銀子」。西元1513年，西班牙人Hernando de Oviedo y Valdez就曾告訴別人，他用了100顆可可豆買了一個奴隸。

其實人類對巧克力的喜愛至少可以往回追溯至公元前600年左右。最新的研究發現，在伯利茲北部一個叫科阿的瑪雅文化遺址處，研究人員找到了公元前600年的古代陶器，其中有一個疑似一杯熱巧克力的殘留物。

讓人興奮的是，這個發現含有巧克力殘留物的古代陶器，要比現階段人們所研究知道的時間早約一千多年。這個被挖出土的古代陶器，形狀和茶壺很相似，但它有一個很長的茶壺嘴。據說古老的瑪雅人常使用這種陶器，與其它器皿一起交互盛裝熱的液體，藉以製造出含有泡沫的熱巧克力。然後再依個人喜好添加糖、香草或其他香料，以形成不同口味的熱巧克力來飲用。

巧克力的製造

可可被視為飲料消費已有數百年之久，直到1821年荷蘭製造商發現可由可可製造巧克力後，可可的用途才被定位。巧克力原本剛生產時，是一種液態流體的膏狀可可，經過添加各種的糖粉、奶粉和鹽...等，之後再經過攪拌、揉捏、細磨、混合以及調溫的步驟，最後在室溫中，凝結為固態的塊狀，才成為我們所品嘗的巧克力。

巧克力的最原始原料就是可可豆，可可豆莢長得有點像我們所熟知的苦瓜，可可豆就包在有硬殼的種子囊裡。種植者摘下可可豆之後，先用油炒過再加以磨碎，提煉出可可油脂。其餘的可可豆渣則經過精鍊機，濾出雜質，製作成精純的巧克力泥。這時若再加入油脂、糖、牛奶，使這四者均勻地混合、乳化在一起，最後再灌模、冷卻、脫模，便製成一塊塊巧克力磚。

巧克力磚通常可以分為兩種，一種是調溫巧克力（Couverture Chocolate），另一種是不調溫巧克力。

不調溫巧克力磚切碎之後，加熱即可溶解，很多便宜的市售巧克力便屬於此類。然而高品質的巧克力，則多屬於調溫巧克力，它必須經過精密繁複的調溫過程，才能回復巧克力濃郁、香甜、滑順的本質。西點製作上，多是採用調溫巧克力，來加以變化、塑型。

巧克力的種類

因為巧克力在製造過程中所加進的成分不同，也造就了它多變的面貌。通常巧克力師傅會根據不同產地、品種的豆子的特色，製做巧克力。除了少數頂級的巧克力，可可豆會嚴格限定全部來自同一產地，大部分的巧克力都是混合不同的豆子調製而成。

巧克力師傅會依據其專業和經驗，挑選香氣、口味最和諧的豆子，調配出適當的比例，其複雜的焙選過程一如咖啡豆的烘焙。

一般我們最熟知的是：黑巧克力、牛奶巧克力與白巧克力，它們的差別在於可可成分的多寡。介紹如下：

◆**黑巧克力（或純巧克力，dark chocolate）**：糖含量42～45%，可可脂介於55%～58%，有如核桃木般發亮的黑巧克力，它的特色在於能充分展現可可豆的原始特質，由於甜度適宜，所以許多人都非常喜歡，若可可脂高於70%，則成為苦甜巧克力。

◆**牛奶巧克力（milk chocolate）**：奶粉佔23%，糖為41%，可可脂為36%，大眾化的牛奶巧克力，由於帶有牛奶香味，所以搭配酸性水果一起享用，口感最合適。

◆**白巧克力（white chocolate）**：不含可可粉的巧克力。糖38%，奶粉26%，可可脂介於36%以上，白巧克力嚴格上來說不算是巧克力，因為它是由製造巧克力所剩餘的副產品——可可脂，加上糖、奶粉、香草精所製成，熱量最高，甜度偏甜，故適宜搭配酸性水果或堅果類等一同享用。

目前以黑巧克力在市面流通上最為普遍，根據調查顯示也指出，黑巧克力口味最為東方人所接受。

巧克力的營養價值與選購

荷蘭的研究人員進一步地分析巧克力的成分時，發現巧克力的抗氧化能力，比起紅茶高出四倍， 所以巧克力的保健功效應該要廣受注意。而且顏色越深的巧克力，抗氧化物的含量就越高，也就是說，黑巧克力就比白巧克力的保健效果要更好。

不過，雖然巧克力的抗氧化物含量高，但並不代表它合適當成保健食物，因為喝茶總比吃大量巧克力來得健康，而且別忘了，巧克力可是含有大量熱量的喔！

通常，我們在購買巧克力時，若可以看到巧克力本身，必須注意其表面是否光滑，若是表面光亮就表示巧克力被保存的很好、很新鮮。 因為巧克力在高溫下，不但會軟化且油脂會開始分離（俗稱出油），再度冷凍表面就會產生白色霧狀物質，但這並不代表巧克力變質或是發霉，只是可可油脂分離凝結的結果，仍可以使用或拿來吃，但是風味當然沒有新鮮的巧克力來的香滑細緻。

好的巧克力，外觀應該是平整滑順，沒有斑白瑕疵，看起來閃閃發亮，輕輕一扳即碎，而且聲音脆亮，斷得乾淨俐落，沒有餘屑。若是單顆巧克力，外層包裹的巧克力則以呈現薄細感為上品。記住！執起一塊巧克力，聞一聞它的味道，如果流瀉出新鮮、濃郁且誘人的可可香氣，那麼它一定是品質很優良的巧克力。

巧克力是甜點之王

如果說巧克力是甜點之王，一點也不為過。舉凡各式餅糕、蛋糕、慕思、派餡、冰淇淋、麵包、糖果、飲料等等，都看得到巧克力無所不在的影響力，世界上許多代表性的甜點也都和巧克力關係密切，例如美國人愛吃的布朗尼（Brownie）、奧地利國寶級的沙河蛋糕（Sacher Cake）、瑞士的巧克力火鍋、比利時的球型巧克力、法國的巧克力松露等，都是以巧克力為基礎，演繹出不同的甜點風情。

而單純品嘗巧克力時，也可嘗試一些不同搭配，例如可以和巧克力配對的餡料，像是以草莓、櫻桃、柳橙、杏桃、覆盆子等略帶酸味的果泥，最讓人激賞；其次是榛果、杏仁、栗子等核果類，是與巧克力氣味最相投的好夥伴；另外，白蘭地、威士忌等烈酒，也經常藏身在巧克力球裡，讓人一咬下去驚喜不斷，特別是與黑巧克力相伴最對味。

通常巧克力的等級越高，做出來的點心味道越好！別忘了！品嘗巧克力時，別急著咬嚼，應該放在舌頭上讓它慢慢融化，好的巧克力會隨著人體的溫度自然融化，光滑細潤又軟綿，不會有粗糙的細沙感，而且甜而不嗆，微苦卻細緻均衡，加上可可香氣襲人，叫人一吃就上癮！

生巧克力塊
Cream Chocolate

成品份量
12塊

生巧克力塊 Cream Chocolate

材料

A 無鹽奶油50g 黑巧克力210g 動物性鮮奶油100ml 葡萄糖（或麥芽糖）15g 香草豆莢1/3條

B **裝飾**—無糖可可粉適量

做法

1. 將無鹽奶油放在室溫下軟化；黑巧克力切碎。
2. 將動物性鮮奶油、葡萄糖、香草豆莢一同加熱至沸騰後，倒入已切碎的黑巧克力，再加入無鹽奶油，用橡皮刮刀拌勻後，倒入已鋪上烤盤紙墊底的容器中，將表面抹平（圖a）。
3. 將做好的生巧克力放進冰箱冷藏至微硬後，連同烤盤紙把生巧克力取出來。
4. 刀子先在瓦斯爐上加熱至微溫狀態，將生巧克力均分成約3×3公分大小的切塊（圖b、圖c）。
5. **裝飾**：在生巧克力的每一面均勻的灑上適量的無糖可可粉（圖d、圖e、圖f），即可享用。

●所謂把無鹽奶油放在室溫下軟化的意思，即是指在室內溫度下，用手觸按無鹽奶油，它能呈柔軟狀。

材料

黑巧克力125g 動物性鮮奶油65ml 糖粉適量

做法

1. 黑巧克力仔細切碎，備用。
2. 把動物性鮮奶油加熱至沸騰後熄火，倒入已切碎的黑巧克力，浸泡2分鐘後用橡皮刮刀仔細攪拌（圖a）。
3. 攪拌至黑巧克力呈現亮度甘那許（Ganach）狀後，改換成隔冰水攪拌方式，讓其降溫至微凝固狀。
4. 將微凝固的黑巧克力裝入擠花袋中，擠出水滴狀（圖b），放進冰箱冷藏至微硬後取出，把每一粒黑巧克力均勻沾裹上糖粉，即可享用。

a

b

成品份量 8粒

傳統巧克力
Chocolate

●所謂甘那許（Ganach）狀，指的是黑巧克力已從固體狀，變成液體狀的巧克力漿。

●巧克力如果大小不一，會造成不易溶解，所以請用刀子均勻切碎。

a

b

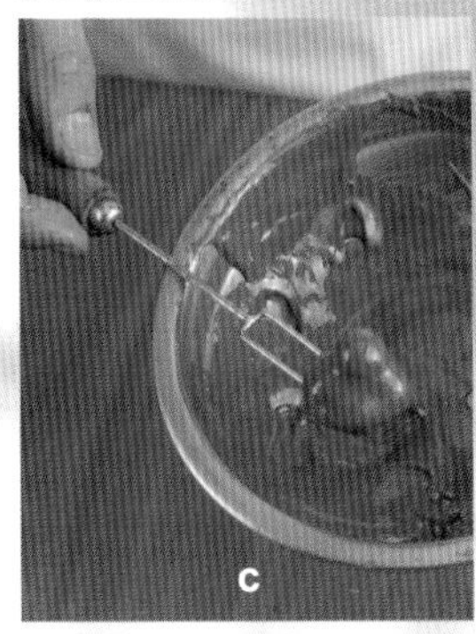
c

成品份量
30粒

榛果巧克力
Hazelnut Chocolate

材料

A｜榛果粒30粒　牛奶巧克力200g

B｜裝飾 → 白巧克力、開心果、薄荷、金箔各適量

做法

1｜將烤箱溫度設定為150℃，把榛果粒放在烤盤上烤15～20分鐘左右，取出讓其冷卻脫皮備用。

2｜將牛奶巧克力以隔水加熱方式，攪拌至融化後（溫度不宜超過50℃），改換成隔冰水攪拌方式，讓其降溫至微稠狀（約25℃～27℃）。

3｜取一張烤盤紙平鋪好，使用湯匙舀起已調溫的牛奶巧克力，放在烤盤紙上略為抹成5元硬幣形狀，將榛果粒以底部3顆、上層1顆方式排成三角圓錐狀（三顆中間擠少量巧克力）（圖a）。

4｜用長柄湯匙舀起榛果粒，均勻沾裹上牛奶巧克力後，放進冰箱冷藏至凝固（圖b、圖c）。

5｜裝飾：把榛果巧克力裝進雞尾酒杯內，隨意擺上白巧克力、開心果、薄荷、金箔即可。

阿生師傳說

●在堆疊榛果成三角錐體時請留意，疊放頂部榛果時中央須補充牛奶巧克力，才容易黏附。

材料

A | 無鹽奶油20g　白巧克力190g　芒果果泥60g
葡萄糖（或麥芽糖）10g　檸檬汁適量

B | 裝飾 → 黑巧克力、金箔各適量

做法

1 | 將無鹽奶油放在室溫下軟化；白巧克力切碎。

2 | 將芒果果泥和葡萄糖一同加熱至糖溶化後熄火，倒入已切碎的白巧克力，再加入無鹽奶油，用橡皮刮刀拌勻，最後加入檸檬汁。

3 | 將做法3倒入底部已鋪好烤盤紙的慕斯框中，將表面抹平，放進冰箱冷藏至微硬後，連同烤盤紙把巧克力取出來。

4 | 刀子先在瓦斯爐上加熱至微溫狀態，將芒果巧克力均分成約3×3公分大小的切塊。

5 | 裝飾：在每一塊芒果巧克力的上面，放上適量的黑巧克力和金箔，即可享用。

成品份量 10塊

芒果磚塊
Mango Chocolate

● 為了攪拌均勻，請仔細上下翻攪，讓每一粒杏仁豆都能均勻沾裹上黑巧克力和無糖可可粉。

● 存放杏果巧克力，以密封罐保存冷藏即可。

a

b

成品份量 20粒

杏果巧克力
Apricot Chocolate

材料

杏仁豆75g 細砂糖25g 水10ml 香草豆莢1/3條
黑巧克力適量 無糖可可粉適量

裝飾 → 白巧克力、薄荷葉、金箔、紅醋栗各適量

做法

1. 將烤箱溫度設定為150℃～160℃，把杏仁豆放在烤盤上烤15～20分鐘左右，取出讓其冷卻備用。
2. 將細砂糖、水、香草豆莢以小火加熱至微稠狀（約117℃），加入烤過的杏仁豆攪拌，讓每粒杏仁豆均勻沾裹上白色糖衣（圖a）。
3. 將適量的黑巧克力隔溫水（溫度不宜超過60℃）攪拌至融化
4. 把已融化的黑巧克力，慢慢倒入已沾上糖衣的杏仁豆中，仔細攪拌均勻，最後灑上適量的無糖可可粉，攪拌至杏仁豆一粒一粒都均勻分開（圖b）。
5. **裝飾**：把杏果克力放進香檳杯中，並隨意放上白巧克力、薄荷葉、金箔、紅醋栗即可。

當你對自己越來越充滿自信，

做點心的手，捨不得停下來。

於是——

熱騰騰的現煎巧克力煎餅、華富餅、英式鬆餅，

充滿水果香氣的香蕉蛋糕、什錦水果蛋糕、栗香柔軟蛋糕，

以及小巧迷人的馬德雷妮、布列塔尼、堅果杏仁蛋白餅，

我聽到了你心裡小小的歡呼聲，

也預見了朋友們的掌聲和笑聲，

還有那停不下來一口接著一口的滿足與讚美！

入門點心
由此進

零失敗的煎餅
巧克力煎餅
Chocolate Pancake
華富餅
Liwanzen
巧克力華富餅
Chocolate Liwanzen
原味煎餅
Crepes
英式鬆餅
Popover

質樸溫暖的蛋糕
香蕉蛋糕
Banana Cake
大理石蛋糕
Marble Cake
古典巧克力
Chocolat Classique Cake
什錦水果蛋糕
Fruit Cake
栗香柔軟蛋糕
Marrons Cake

優雅的甜點初體驗
馬德雷妮
Madeleines
布列塔尼
Bretagne
達客瓦滋
Biscuit Dacqise Pistache
炸巧克力
Chocolate Fritters
堅果杏仁蛋白餅
Nuts Almond Macaroons

巧克力煎餅
Chocolate Pancake

阿生師傳說

● 如何打發動物性鮮奶油？

1 攪拌盆內裝入適量的冰水，下面墊一塊溼毛巾，然後將裝動物性鮮奶油的容器隔冰水冷卻（動物性鮮奶油不夠冰冷時，質地容易變硬，不僅不易打發且易凝結。），用打蛋器不斷攪拌，打時可依個人喜好分次加入砂糖。

2 攪拌時應橫拿打蛋器，由自己前面朝向對邊，以畫圓方式攪拌，開始時動作宜放輕。

3 打蛋器舀起來，如果鮮奶油會滴落，則為三分發泡，此時應慢慢加快打蛋器操作持續攪拌，待舀起時會粘在打蛋器中不滴落，且呈現角狀的程度，則適合用於金屬擠花器製作較硬性的鮮奶油擠花。

4 切勿過分打發動物性鮮奶油，當動物性鮮奶油攪打至可定型時即應停止，倘若持續攪打，則動物性鮮奶油質地會呈顆粒狀，且會分離成油和乳漿。

5 剩餘已打發的動物性鮮奶油，可用保鮮膜覆蓋後，放進冰箱內保存。

成品份量
10份

巧克力煎餅 Chocolate Pancake

材料

A **巧克力麵糊** — 鹽適量 細砂糖20g 無糖可可粉20g 低筋麵粉50g 雞蛋1個 牛奶125ml

B **巧克力慕斯** — 黑巧克力100g 動物性鮮奶油80ml 動物性鮮奶油180ml

C **咖啡淋醬** — 牛奶125ml 即溶咖啡粉5g 蛋黃1個 細砂糖25g

D **裝飾** — 紅醋栗、開心果、薄荷葉、核桃仁、已打發的動物性鮮奶油各適量

做法

1. **巧克力麵糊**：將鹽和細砂糖混合，篩入無糖可可粉和低筋麵粉，使用打蛋器拌勻；再加入雞蛋（圖a）和牛奶混合均勻，過篩備用。
2. **巧克力慕斯**：將黑巧克力切碎；180ml動物性鮮奶油打發，備用。
3. 將80ml動物性鮮奶油加熱後熄火，加入切碎的黑巧克力拌勻（圖b）。
4. 加入180ml已打發的動物性鮮奶油拌勻（圖c），放進冰箱冷藏備用。
5. **咖啡淋醬**：將牛奶、即溶咖啡粉、蛋黃和細砂糖邊加熱邊用打蛋器打發（圖d），加熱至82℃左右，會形成濃稠狀，即可熄火冷卻備用。
6. 平底鍋表面擦拭無鹽奶油（份量外），加熱後舀1大匙的巧克力麵糊入鍋，小火煎至薄片狀，表面收乾即翻面，再略煎一下 （圖e），盛起後等煎餅稍微冷卻，在餅中間擺入適量巧克力慕斯，摺成四方型豆腐狀（圖f），即完成。
7. **裝飾**：將煎餅擺入盤中，周圍淋一圈咖啡淋醬（圖g），並隨意放上紅醋栗、開心果、薄荷葉、核桃仁及已打發的動物性鮮奶油，略做裝飾即可。

材料

A | **華富麵糊** → 無鹽奶油15g 低筋麵粉120g 泡打粉適量 鹽適量 細砂糖15g 牛奶125ml 雞蛋半個

B | **裝飾** → 已打發的動物性鮮奶油、草莓切片、奇異果切片、藍莓、芒果切丁、薄荷葉、楓糖漿、糖粉各適量

做法

1 | **華富麵糊**：將無鹽奶油以小火加熱，融化成液體狀；低筋麵粉、泡打粉及鹽過篩後拌勻，備用。

2 | 將細砂糖、牛奶混合（圖a）後，加入雞蛋拌勻，再加入已過篩的低筋麵粉、泡打粉及鹽，最後加入已融化的無鹽奶油混合均勻，放進冰箱冷藏3小時。

3 | 平底鍋表面擦拭無鹽奶油（份量外），加熱後舀1大匙的華富麵糊，煎至似銅鑼燒般的形狀（圖b），呈金黃色後翻面，至雙面均呈金黃色澤（圖c），即可熄火。

4 | 盛起後等華富餅稍微冷卻，在3片華富餅上面各擠上適量已打發的動物性鮮奶油，依序放上藍莓、奇異果切片、草莓切片，疊放三層後，最後再放上一片華富餅。

5 | **裝飾**：在華富餅頂上點綴芒果丁和薄荷葉，隨意淋上楓糖漿，並灑些糖粉即可。

成品份量 4份

華富餅 Liwanzen

a

b

c

材料

A | **巧克力麵糊** → 無鹽奶油15g 低筋麵粉120g 泡打粉適量 鹽適量 細砂糖15g 牛奶125ml 雞蛋半個 無糖可可粉15g 水10ml

B | **覆盆子淋醬** → 覆盆子果泥250g 細砂糖75g 君度橙酒10ml

C | **裝飾** → 已打發的動物性鮮奶油、櫻桃、薄荷葉、覆盆子淋醬、糖粉各適量

做法

1. **巧克力麵糊**：將無鹽奶油以小火加熱，融化成液體狀；低筋麵粉、泡打粉及鹽過篩後拌勻；無糖可可粉和水拌勻，溶解後備用。
2. 將細砂糖、牛奶混合後，加入雞蛋拌勻，再加入已過篩的低筋麵粉、泡打粉、鹽以及已融化的無鹽奶油混合均勻，最後倒入溶解的可可粉水，攪拌均勻後，放進冰箱冷藏3小時。
3. **覆盆子淋醬**：覆盆子果泥和細砂糖一同加熱至糖溶解後熄火，倒入君度橙酒拌勻後，冷卻備用。
4. 平底鍋表面擦拭無鹽奶油（份量外），加熱後舀1大匙的巧克力麵糊，煎至似銅鑼燒般的形狀，呈金黃色後翻面，至雙面均呈金黃色澤，即可熄火。
5. 盛起後等巧克力華富餅稍微冷卻，在3片華富餅上面各擠上適量已打發的動物性鮮奶油，疊放三層後，最後再放上一片巧克力華富餅。
6. **裝飾**：在巧克力華富餅頂上點綴櫻桃，盤子內隨意放幾顆櫻桃和薄荷葉，淋上覆盆子淋醬，並灑些糖粉

巧克力華富餅
Chocolate Liwanzen

成品份量
4份

原味煎餅
Crepes

阿生師傳說

● 使用平底鍋操作時，請用小刷子沾取無鹽奶油於平底鍋底部加溫，確認鍋緣均覆有油脂，麵糊才不易沾鍋。

成品份量
12份

原味煎餅 Crepes

A **煎餅麵糊** — 無鹽奶油30g 低筋麵粉60g 細砂糖10g 牛奶170ml 雞蛋4個 香吉士半個

B **香草慕斯** — 吉利丁片6片 牛奶200ml 細砂糖30g 香草豆莢1/2條 蛋黃1個 動物性鮮奶油100ml

C **裝飾** — 綜合水果（可依喜好自行搭配）、巧克力醬、糖粉、薄荷葉各適量

1. **煎餅麵糊：**將無鹽奶油以小火加熱，融化成液體狀；低筋麵粉過篩，備用。
2. 將細砂糖、牛奶混合後，加入雞蛋拌勻，再加入已過篩的低筋麵粉及已融化的無鹽奶油混合均勻，最後刨入香吉士皮屑，攪拌均勻後，放進冰箱冷藏3小時。
3. **香草慕斯：**取適量的冷開水加些許冰塊，把吉利丁片放入，讓其泡軟後備用。
4. 將牛奶、細砂糖和香草豆莢一同加熱至滾後熄火，加入蛋黃拌勻，再放入泡軟的吉利丁片，隔冰水降溫，最後分次加入已打發的動物性鮮奶油，拌勻後備用（圖a）。
5. 平底鍋表面擦拭無鹽奶油（份量外），加熱後舀1大匙的煎餅麵糊，小火煎至薄片狀，表面收乾即翻面（圖b），再略煎一下。
6. **裝飾：**盛起後等煎餅稍微冷卻，在餅中間放入適量的綜合水果填滿至1/3，舀一大匙香草慕斯（圖c），將煎餅對折後，再隨意淋上巧克力醬，灑上糖粉，點綴薄荷葉即可。

a

b

c

英式鬆餅
Popover

成品份量
8個

英式鬆餅 Popover

材料

A 無鹽奶油30g 低筋麵粉200g 泡打粉10g 荳蔻粉適量
細砂糖30g 牛奶125ml

B **裝飾** → 覆盆子淋醬（做法請看p69巧克力華富餅）、草莓切片、奇異果切片、藍莓、糖粉各適量

烘焙計時

溫度 → 上火200℃/下火150℃

時間 → 20分鐘

做法

1 將無鹽奶油以小火加熱，融化成液體狀。

2 低筋麵粉和泡打粉過篩後，平灑至桌面上，加入荳蔻粉和細砂糖拌勻，再加入已融化的無鹽奶油，將其搓揉成鬆散狀（圖a）。

3 將做法2整形出如凹字形般，並分次加入牛奶，搓揉成麵糰狀（圖b）後，用擀麵棍壓平成1公分厚度的麵皮（圖c）。

4 用直徑約4公分大的模具，在麵皮上壓出圓形餅狀（圖d），把鬆餅放進烤盤內，在其表面刷二次蛋黃（份量外）（圖e）。

5 烤箱預熱後，以上火200℃、下火150℃，烤約20分鐘左右，即可取出。

6 **裝飾：**待英式鬆餅稍涼後，將其對切開，抹上覆盆子淋醬，並隨意裝點草莓切片、奇異果切片、藍莓，最後灑上糖粉即可。

a

b

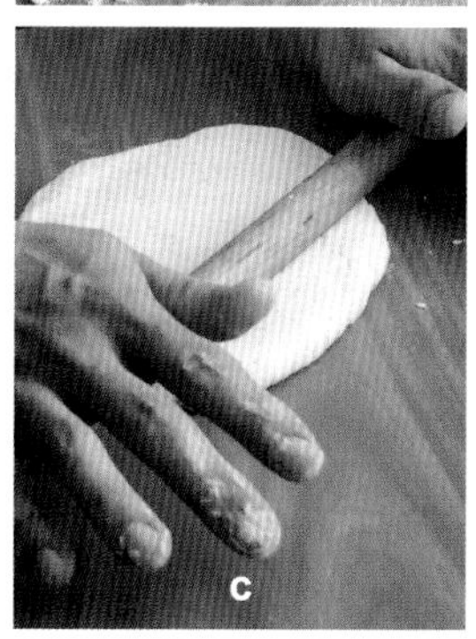
c

d

e

● 在鬆散狀的麵糊中加入牛奶，應避免搓揉過度、造成出筋，以免口感會較硬。

● 烤好的鬆餅可對切開，並依個人口味自行選擇添加果醬、蜂蜜、鮮奶油等塗抹上去。

香蕉蛋糕
Banana Cake

成品份量
1條

香蕉蛋糕 Banana Cake

材料

A 低筋麵粉100g　小蘇打粉適量　牛奶25ml　核桃仁30g　去皮熟香蕉1條半（約100g）　細砂糖100g　鹽適量　雞蛋1個　沙拉油20ml

B **裝飾** → 香吉士切片、香蕉切塊以無鹽奶油略煎過、草莓、核桃仁、白巧克力、無糖可可粉各適量

烘焙計時

溫度 → 上火190℃/下火170℃

時間 → 50分鐘

做法

1. 低筋麵粉和小蘇打粉過篩；牛奶加熱至60℃左右，備用。
2. 將烤箱溫度設定為150℃，把核桃仁放在烤盤上烤25分鐘左右，取出冷卻後壓碎。
3. 香蕉、細砂糖和適量的鹽，用電動打蛋器打至均勻後，分次加入雞蛋打至乳白狀。
4. 加入已過篩的低筋麵粉和小蘇打粉，用橡皮刮刀輕輕混合拌勻，再加入微溫的牛奶和沙拉油拌勻，最後加入烘烤過的碎核桃仁，混合均勻。
5. 預先在長型蛋糕模的底部和四週，平鋪好烤盤紙後，填入香蕉麵糊至6~7分滿。
6. 烤箱預熱後，以上火190℃、下火170℃，烤約50分鐘左右，待冷卻即可切片食用。
7. **裝飾：**切片的香蕉蛋糕，擺放盤子上，隨意放上香吉士切片、香蕉切塊、草莓、核桃仁及白巧克力，最後灑上無糖可可粉即可。

- 做香蕉蛋糕所使用的香蕉，建議挑選愈熟成的香蕉，味道會愈香。
- 烘烤核桃仁時溫度千萬別太高，溫度過高核桃仁會變苦且有油味。

大理石蛋糕
Marble Cake

成品份量
2條

大理石蛋糕 Marble Cake

材料

A 奶油麵糊 → 無鹽奶油125g 糖粉200g 低筋麵粉220g 泡打粉5g 雞蛋8個 杏桃果膠適量

B 可可醬 → 牛奶55ml 無糖可可粉15g

C 裝飾 → 草莓、糖粉各適量

烘焙計時

溫度 → 上火190℃/下火180℃

時間 → 45分鐘

做法

1. **奶油麵糊**：將無鹽奶油放在室溫下軟化；糖粉過篩；低筋麵粉和泡打粉混合後過篩。
2. 將已軟化的無鹽奶油和已過篩的糖粉，混合後用電動打蛋器拌匀，並依序加入1/2份量的雞蛋攪拌，再加入已過篩的低筋麵粉和泡打粉（圖a），用橡皮刮刀混合均匀，最後加入剩下1/2份量的雞蛋，用電動打蛋器打至乳白狀備用。
3. **可可醬**：將牛奶和無糖可可粉邊攪拌邊加熱至可可粉融化後，即可熄火。
4. 取230g的奶油麵糊加入可可醬中混合均匀，即成為巧克力麵糊（圖b）。
5. 在長型蛋糕模內，預先鋪好烤盤紙，將奶油麵糊填入至1/5滿的高度，再填入巧克力麵糊至2/5滿，重複此順序，使其成為黑白分層狀（圖c），最後用1根竹籤深入麵糊底部畫8字，形成黑白混合花紋。
6. 烤箱預熱後，以上火190℃ 、下火180℃ ，烤約45分鐘左右，即可取出，待其冷卻後脫模，在蛋糕表面刷上一層杏桃果膠。
7. **裝飾**：將切片的大理石蛋糕，放在盤子上，草莓沾裹上糖粉後，點綴在旁邊即可。

a

b

c

古典巧克力
Chocolat Classique Cake

成品份量
6吋蛋糕1個

古典巧克力 Chocolat Classique Cake

材料

A 無鹽奶油35g 黑巧克力40g 蛋黃2個 細砂糖10g
動物性鮮奶油30ml 蛋白2個 細砂糖45g 低筋麵粉25g
無糖可可粉15g 君度橙酒5ml

B **裝飾** 糖粉適量

烘焙計時

溫度 溫度：上火180℃/下火180℃

時間 45～40分鐘

做法

1. 將無鹽奶油加熱溶化；黑巧克力切碎，以隔水加熱方式融化，加入融化奶油攪拌備用；動物性鮮奶油以小火加熱至滾後熄火，備用。
2. 將蛋黃及10g細砂糖用打蛋器拌勻後，加入已融化的黑巧克力（圖a）和已加熱的動物性鮮奶油混合拌勻。
3. 將蛋白用電動打蛋器輕輕打出泡沫，再分2~3次加入45g細砂糖，繼續打發到會豎起稜角，帶有光澤且結實的發泡蛋白。
4. 低筋麵粉和無糖可可粉一同過篩後，備用。
5. 在做法 2 中先加入1/3份量的發泡蛋白，用打蛋器充分攪拌至完全溶合，再倒入其餘的發泡蛋白，用橡皮刮刀由底部翻拌均匀（圖b）。
6. 最後分次加入已過篩的低筋麵粉和無糖可可粉（圖c），充分混合後，倒入6吋蛋糕模內。
7. 烤箱預熱後，以上、下火各180℃，烤約40～45分鐘左右，冷卻後即可脫模。
8. **裝飾**：在蛋糕表面輕灑一層糖粉即可。

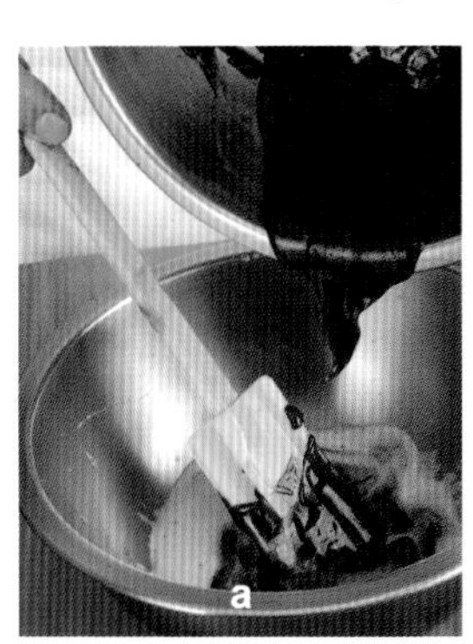
a

b

c

材料

A　無鹽奶油160g　低筋麵粉235g　泡打粉5g　糖粉135g
鹽適量　雞蛋3個　葡萄乾125g　糖漬橙皮65g　檸檬1個
香吉士半個　糖漬紅櫻桃粒250g　杏仁片適量

B　**裝飾** → 草莓切片、金箔、白巧克力、黑巧克力、薄荷葉各適量

烘焙計時

溫度 → 上火180℃/下火180℃

時間 → 50分鐘

做法

1. 將無鹽奶油放在室溫下軟化；糖粉過篩；低筋麵粉和泡打粉混合後過篩。
2. 將已軟化的無鹽奶油、鹽及已過篩的糖粉，混合後用電動打蛋器拌勻，並依序加入1/2份量的雞蛋攪拌，再加入已過篩的低筋麵粉和泡打粉，用橡皮刮刀混合均勻，最後加入剩下1/2份量的雞蛋，用電動打蛋器打至乳白狀備用。
3. 在做法2中加入葡萄乾、糖漬橙皮，同時刨入檸檬皮屑和香吉士皮屑，用橡皮刮刀拌勻。
4. 預先在長型蛋糕模的底部和四周，平鋪好烤盤紙後，填入什錦水果麵糊至蛋糕模1/2處的高度，麵糊中間擺放一排已切半的糖漬紅櫻桃粒（圖a），再填入麵糊至七分滿，表面再擺放一排已切半的糖漬紅櫻桃粒，以及適量的杏仁片。
5. 烤箱預熱後，以上下火各180℃，烤約50分鐘左右，冷卻後即可脫模。
6. **裝飾**：將切片的什錦水果蛋糕，放在盤子上，隨意擺放草莓切片、金箔、白巧克力、黑巧克力、薄荷葉即可。

a

成品份量
2條

什錦水果蛋糕
Fruit Cake

成品份量
4小條

粟香柔軟蛋糕
Marrons Cake

材料

A 榛果粒50g 無鹽奶油125g 低筋麵粉75g 泡打粉適量
栗子泥125g 細砂糖70g 香草精適量 雞蛋1個半

A **裝飾** → 杏仁、開心果、核桃仁、糖粉各適量

烘焙計時

溫度 → 上火200℃/下火190℃

時間 → 25分鐘

做法

1 將烤箱溫度設定為150℃，把榛果粒放在烤盤上烤25分鐘左右，取出讓其冷卻，壓碎備用。

2 將無鹽奶油放在室溫下軟化；低筋麵粉和泡打粉混合過篩。

3 將已軟化的無鹽奶油和粟子泥、細砂糖、香草精，用電動打蛋器打至微乳白狀後，分次加入雞蛋，攪拌至乳白狀後，再加入已過篩的低筋麵粉和泡打粉，用橡皮刮刀混合均勻，最後放入已烤過的碎榛果粒攪勻。

4 預先在小長條蛋糕模的底部和四週，平鋪好烤盤紙，將栗子麵糊倒入至七分滿。

5 烤箱預熱後，以上火200℃、下火190℃，烤約25分鐘左右，冷卻後即可脫模。

6 **裝飾**：在栗香柔軟蛋糕上面，隨意擺放杏仁、開心果、核桃仁，並灑上糖粉即可。

馬德雷妮
Madeleines

成品份量
9個

馬德雷妮 Medeleines

材料

A 無鹽奶油40g 低筋麵粉25g 泡打粉適量 杏仁粉60g
細砂糖80g 雞蛋2個 蘭姆酒5ml 香草豆莢少許
葡萄乾適量

烘焙計時

溫度 上火190℃/下火210℃

時間 20分鐘

做法

1. 將無鹽奶油放在室溫下軟化；低筋麵粉和泡打粉混合過篩，備用。
2. 將杏仁粉、細砂糖倒進打蛋盆內，加入已過篩的低筋麵粉和泡打粉，用打蛋器拌勻。
3. 再加入雞蛋和已軟化的無鹽奶油拌勻，最後加入蘭姆酒和香草豆莢混合均勻，放進冰箱冷藏3小時以上。
4. 在每個貝殼形狀的馬德雷妮模具內，放入適量的葡萄乾，將麵糊從冰箱取出，填入擠花袋內，再擠入模具內約九分滿（圖a）。
5. 烤箱預熱後，以上火190℃、下火210℃，烤約20分鐘左右，冷卻後即可脫模。

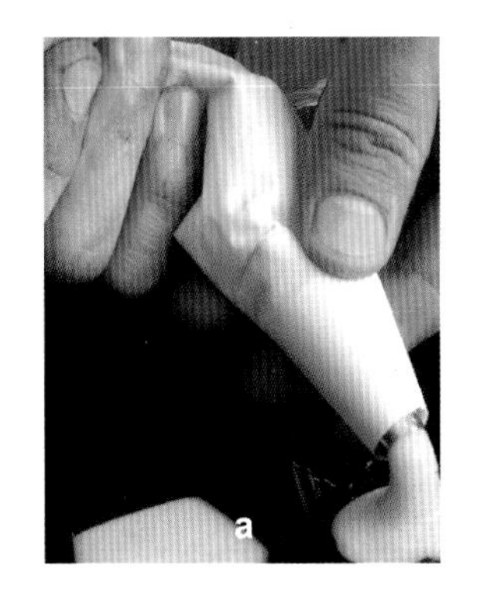
a

● 貝殼蛋糕的原名為馬德雷妮(Medeleines)，由於它的口味香濃，口感樸實，流傳至今仍受到歡迎。

材料

A　無鹽奶油100g　低筋麵粉100g　泡打粉適量　糖粉60g　鹽適量　蛋黃1個　蘭姆酒10ml　檸檬1/4個

烘焙計時

溫度 → 上火180℃/下火160℃

時間 → 45分鐘

做法

1. 將無鹽奶油放在室溫下軟化；低筋麵粉和泡打粉混合過篩，備用。
2. 將已軟化的無鹽奶油、糖粉和鹽，用電動打蛋器攪勻後，加入蛋黃混合均勻。
3. 倒入蘭姆酒，刨入檸檬皮屑，用橡皮刮刀混合均勻，最後加入已過篩的低筋麵粉及泡打粉拌勻備用。
4. 將拌好的麵糊，用保鮮膜包覆好，放進冰箱冷藏6小時以上。
5. 取出已冷藏好的麵糊，搓揉至微軟狀態，用擀麵棍擀出約1公分厚高度的麵皮，在其表面刷上蛋黃，拿一支叉子在麵皮上畫出交叉紋路（圖a）。
6. 每個小慕斯框內都擦上已融化的無鹽奶油（份量外）（圖b），並在麵皮上平壓出一個個圓形餅狀，直接擺放烤盤上（圖c）。
7. 烤箱預熱後，以上火160℃、下火130℃，烤約45分鐘，冷卻後即可脫膜。

a

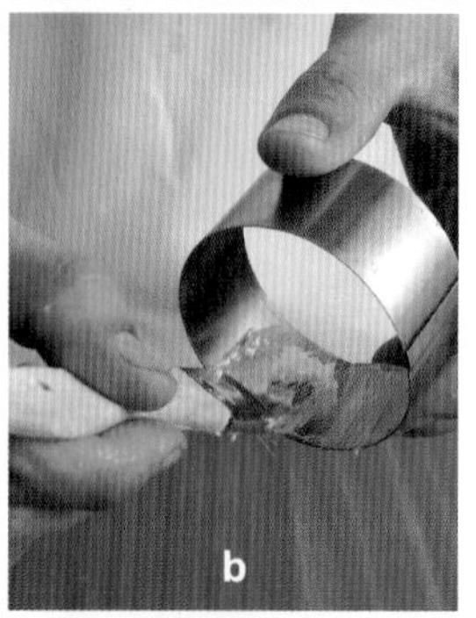
b

c

布列塔尼 Bretagne

成品份量 5塊

- 擀麵棍擀麵糊時，檯面上須灑上適量的高筋麵粉，以避免底部沾黏。
- 壓麵皮的小慕斯框不要先脫模，應直接放入烤箱烘烤（圖c）。

成品份量
約7份

達客瓦滋
Biscuit Dacqise Pistache

材料

A **蛋白餅** → 杏仁粉45g
糖粉30g 蛋白2個
細砂糖15g 塔塔粉適量

B **綠茶餡** → 無鹽奶油50g
糖粉10g
綠茶粉1/4小匙（或適量）

烘焙計時

溫度 → 上火170℃/下火160℃

時間 → 20分鐘

做法

1. **蛋白餅**：杏仁粉和糖粉分別過篩，備用。
2. 將從冰箱取出，微涼的蛋白及塔塔粉放入打蛋盆內，用電動打蛋器輕輕打至起泡，並分次加入細砂糖繼續打，至打蛋器舀起來時有尖銳硬挺的角狀蛋白時，表示蛋白霜已完成（圖a）。
3. 蛋白霜中加入已過篩的杏仁粉和糖粉，用橡皮刮刀拌勻（圖b），填入擠花袋內，在烤盤上直接擠出螺旋圓餅狀，每個直徑約4公分（圖c），表面並灑覆糖粉。
4. 烤箱預熱後，以上火170℃ 、下火160℃ ，烤約20分鐘左右，即可取出。
5. **綠茶餡**：將已在室溫下軟化的無鹽奶油，加入已過篩的糖粉，用電動打蛋器打至乳白狀後，再加入綠茶粉拌勻（圖d）。
6. 取一片烤好的蛋白餅，中間塗抹上綠茶餡，再覆蓋另一片蛋白餅，形成夾心狀即可。

a

b

c

d

a

材料

A　**水滴巧克力** → 無鹽奶油25g　黑巧克力125g　動物性鮮奶油50ml

B　**巧克力麵糊** → 無鹽奶油15g　低筋麵粉60g　無糖可可粉15g　鹽適量　細砂糖15g　雞蛋1/2個　白葡萄酒60ml

C　**裝飾** → 紅醋栗1串、糖粉、薄荷葉各適量

做法

b

1. **水滴巧克力**：將無鹽奶油放在室温下軟化；黑巧克力切碎。
2. 將動物性鮮奶油加熱至沸騰後熄火，加入切碎的黑巧克力，再加入已軟化的無鹽奶油，稍微浸泡後攪拌均勻。
3. 將做法2隔冰水降温至微硬狀後，填入擠花袋內，在盤子上擠出水滴狀巧克力，放進冰箱冷凍至硬後備用。
4. **巧克力麵糊**：將無鹽奶油放在室温下軟化；低筋麵粉和可可粉混合過篩。
5. 將已過篩的低筋麵粉和無糖可可粉，用打蛋器拌勻後，加入鹽和細砂糖混合均勻，再加入已軟化的無鹽奶油和雞蛋混合，最後分次加入白葡萄酒拌勻備用。
6. 鍋中炸油（或沙拉油）加熱至約180℃，用筷子夾起水滴巧克力沾裹巧克力麵糊（圖a），放入鍋中炸至表面呈酥脆狀且浮上鍋面（圖b），即可夾起趁熱在表面灑上糖粉。
7. **裝飾**：炸好的巧克力，擺放盤中，放上1串紅醋栗和薄荷葉點綴，並灑上糖粉即可。

成品份量 10粒

炸巧克力
Chocolate Fritters

● 剛炸好的炸巧克力請趁熱享用，滋味很特別，或是搭配冰淇淋一同享用，口味更佳。

a

b

成品份量
15塊

堅果杏仁蛋白餅
Nuts Almond Macaroons

材料

A　玉米粉25g　糖粉15g　蛋白2個　細砂糖30g　杏仁粉40g　榛果粉40g　杏仁片60g　核桃仁75g　肉桂粉適量　榛果粒適量　糖粉適量

烘焙計時

溫度 → 上火160℃/下火130℃

時間 → 50分鐘

做法

1. 玉米粉和糖粉混合過篩，備用。
2. 將從冰箱取出，微涼的蛋白放入打蛋盆內，用電動打蛋器輕輕打至起泡，並分次加入細砂糖繼續打，至打蛋器舀起來時有尖銳硬挺的角狀蛋白時，表示蛋白霜已完成。
3. 蛋白霜中加入已過篩的玉米粉和糖粉，用橡皮刮刀拌勻後，加入杏仁粉、榛果粉、杏仁片、碎核桃仁及肉桂粉拌勻（圖a）。
4. 烤盤平鋪好烤盤紙，用湯匙舀取適量的蛋白霜，以手輕推蛋白霜，讓其在烤盤上呈不規則的扁圓球狀（圖b），表面點綴榛果粒，並灑上糖粉。
5. 烤箱預熱後，以上火160℃、下火130℃，烤約50分鐘左右，即可取出，冷卻後享用。

Rapberry Mousse, Blackcurrant Mousse, Blackcurrant Mousse, Apricot Mousse, Lemon Mousse, Cream Puffs, Pastry Puffs, Paris Ring, Fruit Éclair, Fruit Éclair, Floating Island Snow Eggs, Chocolate Souffle, Italian Zabaione, Tiramisu, Fruit Cake Roll, Cheese Cake, Marbe Cheese Cake, Coconut And Sour Cream Cheese Cake, Cherry Cheese Cake, Coffe Chesse Cake, Chocolat Tarte, Fruits Tarte, Pear Tarte, Cheese Tarte, Noix Tarte, Vanilla Strudel, Marrons Strudel, Apple Strudel, Cherry Strudel, Mango Strudel.

Rapberry Mousse, Blackcurrant Mousse, Blackcurrant Mousse, Apricot Mousse, Lemon Mousse, Cream Puffs, Pastry Puffs, Paris Ring, Fruit Éclair, Fruit Éclair, Floating Island Snow Eggs, Chocolate Souffle, Italian Zabaione, Tiramisu, Fruit Cake Roll, Cheese Cake, Marbe Cheese Cake, Coconut And Sour Cream Cheese Cake, Cherry Cheese Cake, Coffe Chesse Cake, Chocolat Tarte, Fruits Tarte, Pear Tarte, Cheese Tarte, Noix Tarte, Vanilla Strudel, Marrons Strudel, Apple Strudel, Cherry Strudel, Mango Strudel.

Part 2 Advanced 進階篇

伸個懶腰，好好為下一步新挑戰，打起精神吧！

拿出打蛋盆，先把烤盤紙鋪好，接著烤箱也預熱了，

然後呢？捲起衣袖囉！

灑一把麵粉，多一點糖粉，再倒入牛奶，攪進雞蛋，

你的手上彷彿擁有了一支哈利波特的魔法棒般，

就這麼不停的攪拌揉捏，揉捏攪拌，

噹一聲！新出爐的熱騰騰點心，

挑起每張迫不及待的味蕾！

如果說做點心像是攀登聖母峰，不斷的超越與征服，

那麼——

那入口即化的覆盆子慕斯、黑醋栗慕斯、綠茶慕斯，

外觀華麗誘人的菠蘿泡芙、巴黎圈、水果艾克力，

還是看起來輕盈簡單，品嘗起來卻深奧的漂浮雪球、巧克力舒芙蕾，

就是你對自我挑戰的目標，

再堅持一下，

滿屋子點心的甜蜜氣味，

就是最好的證明。

三種
挑戰甜點
的方法

入口即化的慕斯風情

覆盆子慕斯
Rapberry Mousse

黑醋栗慕斯
Blackcurrant Mousse

綠茶牛奶慕斯
Blackcurrant Mousse

杏桃慕斯
Apricot Mousse

檸檬慕斯
Lemon Mousse

華麗的泡芙練習

菠蘿泡芙
Cream Puffs

起酥泡芙
Pastry Puffs

巴黎圈
Paris Ring

水果艾克力
Fruit Éclair

巧克力菠蘿泡芙
Fruit Éclair

輕盈簡單的幸福甜點

飄浮雪球
Floating Island Snow Eggs

巧克力舒芙蕾
Chocolate Souffle

水果沙巴勇
Italian Zabaione

提拉蜜斯
Tiramisu

水果蛋糕捲
Fruit Cake Roll

覆盆子慕斯
Rapberry Mousse

成品份量
4杯

覆盆子慕斯 Rapberry Mousse

材料

A｜**義式蛋白霜** → 細砂糖200g　水50ml　蛋白4個　細砂糖50g

B｜**覆盆子慕斯** → 吉利丁片2.5片　覆盆子果泥75g　義式蛋白霜40g　已打發的動物性鮮奶油75g

C｜**裝飾** → 開心果、紅醋栗各適量

做法

1. **義式蛋白霜**：將200g細砂糖和水，攪拌混勻後（圖a），加熱至117℃讓糖水呈微黏稠狀（圖b）。
2. 將蛋白倒進打蛋盆內，用電動打蛋器把蛋白打散，並將50g細砂糖分2~3次加入，打至蛋白呈溼性發泡狀態。
3. 緩緩加入煮至黏稠狀的糖漿（圖c），繼續打至泡沫變得又白又亮，舀起來時有尖銳硬挺的角狀蛋白時，表示義式蛋白霜已完成（圖d）。
4. **覆盆子慕斯**：取適量的冷水加些許冰塊，把吉利丁片放入，讓其泡軟後備用，約15～20分。
5. 將覆盆子果泥加熱至融化後，待其稍稍微溫冷卻，加入已泡軟的吉利丁片，充分攪拌均勻（圖e）。
6. 將做法5隔冰水降溫至舀起來會慢慢滴落的狀態，放入已完成的義式蛋白霜約40g，拌勻後再加入已打發的動物性鮮奶油混勻（圖f），即可填入慕斯杯中至七分滿的高度，放進冰箱冷凍至凝固狀。
7. **裝飾**：在已凝固的覆盆子慕斯上，點綴開心果和紅醋栗即可。

● 如何辨識溫度是否達到117℃？方法為將細鐵絲捲彎成小圓圈的棒子狀，以圓圈處沾取部份糖漿，以口吹氣會呈泡狀，則達此溫度標準。

※製作義式蛋白霜需要一定的量才容易打發，因此剩餘的義式蛋白霜，可使用保鮮膜覆蓋後，放進冰箱內保存。

黑醋栗慕斯 Blackcurrant Mousse

成品份量
10杯

材料

A | **義式蛋白霜** → 細砂糖200g 水50ml 蛋白4個 細砂糖50g

B | **黑醋栗慕斯** → 吉利丁片2片 黑醋栗果泥100ml 義式蛋白霜95g 已打發的動物性鮮奶油190g

C | **裝飾** → 白巧克力、黑巧克力、薄荷葉、糖粉各適量

做法

1 | **義式蛋白霜**：將200g細砂糖和50ml水，攪拌混勻後（圖a），加熱至117℃讓糖水呈微黏稠狀（圖b）。

2 | 將蛋白倒進打蛋盆內，用電動打蛋器把蛋白打散，並將50g細砂糖分2~3次加入，打至蛋白呈溼性發泡狀態。

3 | 緩緩加入煮至黏稠狀的糖漿（圖c），繼續打至泡沫變得又白又亮，舀起來時有尖銳硬挺的角狀蛋白時，表示義式蛋白霜已完成（圖d）。

4 | **黑醋栗慕斯**：取適量的冷水加些許冰塊，把吉利丁片放入，讓其泡軟後備用，約15～20分。

5 | 將黑醋栗果泥加熱至融化後，待其稍稍冷卻至微温，加入已泡軟的吉利丁片，充分攪拌均勻。

6 | 將做法5隔冰水降温至舀起來會慢慢滴落的狀態，放入已完成的義式蛋白霜約90g，拌勻後再加入已打發的動物性鮮奶油混勻，即可填入慕斯杯中至全滿的高度，放進冰箱冷凍至凝固狀。

7 | **裝飾**：在已凝固的黑醋栗慕斯上，插上巧克力，點綴薄荷葉，並灑上糖粉即可。

黑醋栗慕斯
Blackcurrant Mousse

綠茶牛奶慕斯
Blackcurrant Mousse

綠茶牛奶慕斯 Blackcurrant Mousse

材料

A　吉利丁片2片　牛奶100ml　細砂糖10g　香草豆莢1/5條　細砂糖25g　綠茶粉5g　蛋黃2個　已打發的動物性鮮奶油170g

B　**裝飾** → 烤栗子粒、薄荷葉各適量

做法

1. 取適量的冷水加些許冰塊，把吉利丁片放入，讓其泡軟（時間建議20分鐘左右即可）後備用。
2. 將牛奶、10g細砂糖、香草豆莢加熱至沸騰後熄火。
3. 將24g細砂糖　綠茶粉放進打蛋盆中混合均勻，把做法2材料倒入（圖a），用打蛋器攪勻，接著加入蛋黃繼續攪拌（圖b），並以隔水加熱的方式（圖c），邊加熱邊攪拌至80℃，打至打蛋器舀起來綠茶牛奶呈液態狀會慢慢滴落（圖d），即可熄火讓其稍稍冷卻。
4. 把已泡軟的吉利丁片加入做法3中充分攪拌，並隔冰水降溫至稠狀，再加入已打發的動物性鮮奶油混勻（圖e）後，將其倒入慕斯杯中至七分滿的高度，放進冰箱冷凍至凝固。
5. **裝飾**：在已凝固的綠茶牛奶慕斯上，放上一顆烤栗子，並點綴薄荷葉即可。

- 烤栗子粒，在一般烘焙材料行，都可以買到。
- 如何辨識溫度是否達到80℃？可利用湯匙背面沾上已打發的蛋液，用手指畫出一條線，線不會立即密合即可。

杏桃慕斯 Apricot Mousse

成品份量
6杯

材料

A｜**義式蛋白霜** → 細砂糖200g　水50ml　蛋白4個　細砂糖50g

B｜**杏桃慕斯** → 杏桃果泥100g　百香果果泥15g　芒果果泥15g　義式蛋白霜30g　吉利丁片1.5片　已打發的動物性鮮奶油115g

C｜**裝飾** → 櫻桃、紅醋栗、白巧克力、黑巧克力、金箔、薄荷葉各適量

做法

1｜**義式蛋白霜**：將200g細砂糖和50ml水，攪拌混匀後（圖a），加熱至117℃讓糖水呈微黏稠狀（圖b）。

2｜將蛋白倒進打蛋盆內，用電動打蛋器把蛋白打散，並將50g細砂糖分2~3次加入，打至蛋白呈溼性發泡狀態。

3｜緩緩加入煮至黏稠狀的糖漿（圖c），繼續打至泡沫變得又白又亮，舀起來時有尖銳硬挺的角狀蛋白時，表示義式蛋白霜已完成（圖d）。

4｜**杏桃慕斯**：取適量的冷水加些許冰塊，把吉利丁片放入，讓其泡軟後備用，約15～20分。

5｜將杏桃果泥、百香果果泥和芒果果泥加熱至融化後，待其稍稍冷卻，加入已泡軟的吉利丁片，充分攪拌均勻（圖e）。

6｜將做法5隔冰水降溫至舀起來會慢慢滴落的狀態，放入已完成的義式蛋白霜約30g，拌勻後再加入已打發的動物性鮮奶油混勻，即可填入慕斯杯中至七分滿的高度，放進冰箱冷凍至凝固狀。

7｜**裝飾**：在已凝固的杏桃慕斯上，隨意擺上櫻桃、紅醋栗、白巧克力、黑巧克力、金箔、薄荷葉即可。

杏桃慕斯
Apricot Mousse

檸檬慕斯
Lemon Mousse

成品份量
6杯

檸檬慕斯 Lemon Mousse

材料

A **義式蛋白霜** — 細砂糖200g 水50ml 蛋白4個 細砂糖50g

B **檸檬慕斯** — 檸檬汁65ml 細砂糖15g 義式蛋白霜100g 吉利丁1.5片 已打發的動物性鮮奶油100g

C **裝飾** — 罐頭橘子片、奇異果切片、草莓切片、薄荷葉各適量

做法

1 **義式蛋白霜**：將200g細砂糖和50ml水，攪拌混勻後（圖a），加熱至117℃讓糖水呈微黏稠狀（圖b）。

2 將蛋白倒進打蛋盆內，用電動打蛋器把蛋白打散，並將50g細砂糖分2~3次加入，打至蛋白呈溼性發泡狀態。

3 緩緩加入煮至黏稠狀的糖漿（圖c），繼續打至泡沫變得又白又亮，舀起來時有尖銳硬挺的角狀蛋白時，表示義式蛋白霜已完成（圖d）。

4 **檸檬慕斯**：取適量的冷水加些許冰塊，把吉利丁片放入，讓其泡軟後備用，約15～20分。

5 將檸檬汁和細砂糖混勻，加熱至糖溶解後，待其稍稍降溫，加入已泡軟的吉利丁片，充分攪拌均勻。

6 將做法5隔冰水降溫至舀起來會慢慢滴落的狀態，放入已完成的義式蛋白霜約100g，拌勻後再加入已打發的動物性鮮奶油混勻，即可填入慕斯杯中至七分滿的高度，放進冰箱冷凍至凝固狀。

7 **裝飾**：在已凝固的檸檬慕斯上，隨意擺上罐頭橘子片、奇異果切片、草莓切片、薄荷葉即可。

菠蘿泡芙 Cream Puffs

成品份量
約10條

材料

A **菠蘿皮** — 無鹽奶油100g 低筋麵粉50g 細砂糖75g 杏仁粉25g

B **泡芙** — 牛奶50ml 水50ml 無鹽奶油45g 細砂糖適量 鹽適量 低筋麵粉55g 雞蛋2個

C **卡士達餡** — 牛奶190ml 細砂糖15g 香草豆莢1/2條 細砂糖30g 鹽適量 卡士達粉15g 蛋黃1個 牛奶20ml 無鹽奶油15g

D **裝飾** — 草莓切片、糖粉各適量

烘焙計時

溫度 — 上火180℃/下火180℃

時間 — 40分鐘

做法

1 **菠蘿皮**：將無鹽奶油放在室溫下軟化；低筋麵粉過篩備用。

2 將已軟化的無鹽奶油、細砂糖及杏仁粉用橡皮刮刀攪拌後，加入已過篩的低筋麵粉拌勻（圖a）。

3 將拌好的菠蘿皮麵糰用保鮮膜包覆起來（圖b），放進冰箱冷藏至稍有硬度後，再取出使用。

4 **泡芙**：將牛奶、水、無鹽奶油、細砂糖、鹽，以中火加熱至沸騰後熄火，加入過篩低筋麵粉，迅速混合攪拌成麵糊狀，即為粗筋狀態。

5 把混合好的麵糊倒入打蛋盆中，並分次加入打散的雞蛋，拌勻後將麵糊填入擠花袋內，備用。

6 從冰箱內取出菠蘿皮麵糰，搓揉後分成10小塊，用手壓成大約長8公分、厚1公分的麵皮，備用。

7 烤盤預先平鋪好烤盤紙，把泡芙麵糊擠一長條至烤盤上，每條大約長6公分、寬1.5公分，泡芙與泡芙間隔約2公分距離，表面並擦拭蛋黃（圖c），最後用菠蘿皮平均覆蓋每一條泡芙（圖d）。

8 烤箱預熱後，以上、下火各180℃，烤約40分鐘左右備用。

9 **卡士達餡**：將190ml牛奶、15g細砂糖及香草豆莢加熱至沸騰，備用。

10 將30g細砂糖、鹽及卡士達粉拌勻後，加入蛋黃和20ml牛奶，攪拌均勻後，倒入已煮至沸騰的香草牛奶中，用打蛋器不斷攪拌煮至濃稠，且產生氣泡的狀態（圖e）後熄火，並繼續快速攪拌至呈現光澤狀態，最後加入無鹽奶油拌勻，同時用保鮮膜包覆好，冷卻後放進冰箱冷藏備用。

11 將烤好的菠蘿泡芙底部戳一個小洞，把卡士達餡填入擠花袋中，擠進菠蘿泡芙皮內即可。

12 **裝飾**：將做好的菠蘿泡芙放在盤子上，放上草莓切片，並灑上糖粉即可。

a

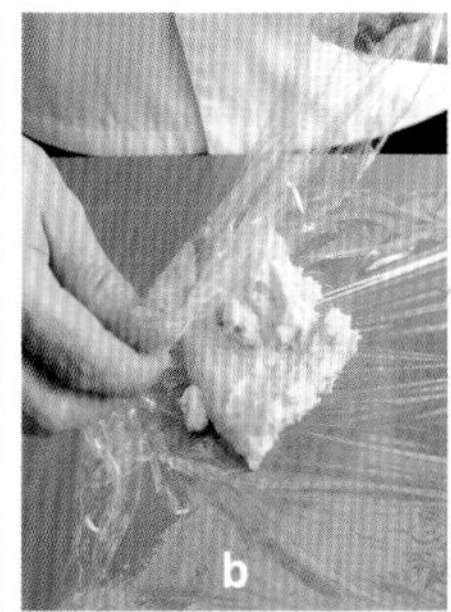
b

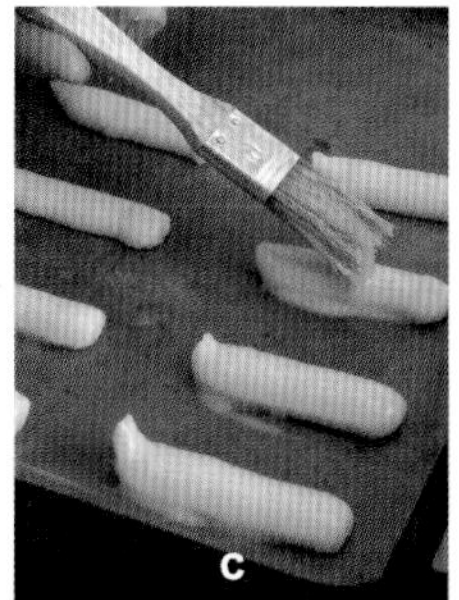
c

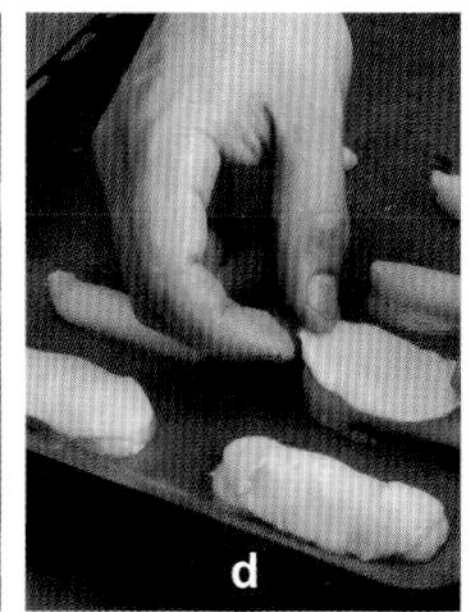
d

e

菠蘿泡芙
Cream Puffs

起酥泡芙
Pastry Puffs

成品份量
約10條

起酥泡芙 Pastry Puffs

材料

A **起酥皮** — 無鹽奶油150g 高筋麵粉340g 低筋麵粉340g 鹽10g 冰水270ml 無鹽奶油400g（包覆起酥麵糰中）

B **泡芙** — 牛奶50ml 水50ml 無鹽奶油45g 鹽適量 細砂糖適量 低筋麵粉55g 雞蛋2個

C **芒果卡士達餡** — 牛奶135ml 細砂糖15g 香草豆莢1/2條 高筋麵粉10g 低筋麵粉10g 細砂糖15g 牛奶35ml 蛋黃1個 芒果果泥50g 無鹽奶油15g

D **裝飾** — 櫻桃、開心果、紅醋栗、巧克力淋醬各適量

烘焙時間

溫度 上火180℃/下火190℃

時間 50分鐘

做法

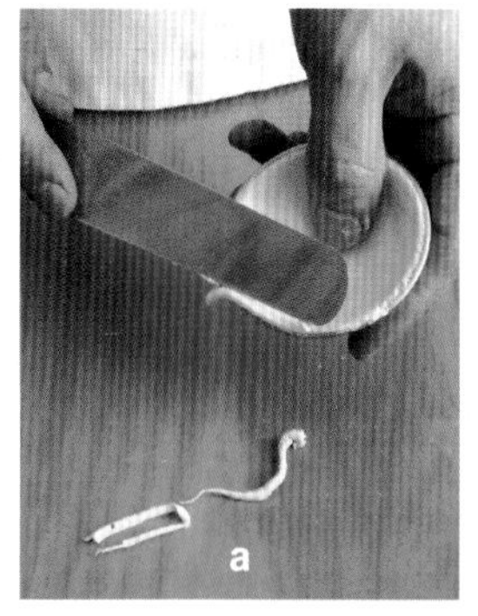

1. **起酥皮**：將150g無鹽奶油放在室溫下軟化；高筋麵粉和低筋麵粉混合過篩。
2. 將已軟化的無鹽奶油，和已過篩的高筋麵粉及低筋麵粉還有鹽混合，用手搓揉呈鬆散狀，倒入冰水再搓勻，使其呈麵糰狀，用保鮮膜包覆後壓平，放進冰箱冰凍至稍硬狀後再取出。
3. 將已放在室溫下軟化的400g無鹽奶油用手壓成四方形，厚度約0.5公分左右，用保鮮膜包覆後，放進冰箱冷藏至硬後再取出。
4. 把做法2的麵糰用桿麵棍桿開，上面覆蓋做法3的無鹽奶油，將麵糰對折後(即把無鹽奶油包覆在麵糰內)，用擀麵棍擀開至約0.5公分的厚度，再把麵糰對折再對折（4*4），重複摺兩次後，用保鮮膜包覆，放進冰箱冷凍至硬。
5. 把做法4取出鬆弛約半小時，用擀麵棍擀開至約0.5公分的厚度，再把麵糰對折再對折（4*4），重複摺兩次後，用保鮮膜包覆，放進冰箱冷凍至硬，取出後用桿麵棍桿開至0.2公分厚度，用保鮮膜包覆，放進冰箱冷凍至硬，備用。
6. **泡芙**：將牛奶、水、無鹽奶油、細砂糖、鹽，以中火加熱至沸騰後，加入過篩低筋麵粉，迅速混合攪拌成麵糊狀，熄火，即為粗筋狀態。
7. 把混合好的麵糊倒入打蛋盆中，並分次加入打散的雞蛋，拌勻後將麵糊填入擠花袋內，備用。
8. 從冰箱內取出起酥皮，搓揉後分成10小塊，每塊用桿麵棍桿成大約長8公分、厚1公分的麵皮，再把起酥皮擺進蛋塔模內，略加修整掉多餘的起酥皮後（圖a），中間擠入適量的泡芙麵糊（圖b）。
9. 烤箱預熱後，以上火180℃、下火190℃，烤約50分鐘左右，即可取出備用。
10. **芒果卡士達餡**：將135ml牛奶、15g細砂糖及香草豆莢加熱至沸騰，備用。
11. 將高筋麵粉和低筋麵粉過篩，加入15g細砂糖拌勻，再加入35ml牛奶、蛋黃和芒果果泥，攪拌均勻後，倒入已煮至沸騰的香草牛奶中，用打蛋器不斷攪拌煮至濃稠，且產生氣泡的狀態後熄火，並繼續快速攪拌至呈現光澤狀態，最後加入無鹽奶油拌勻，同時用保鮮膜包覆好，冷卻後放進冰箱冷藏備用。
12. 將烤好的起酥泡芙底部戳一個小洞，把芒果卡士達餡填入擠花袋中，擠入起酥泡芙內即可。
13. **裝飾**：將做好的起酥泡芙放在盤子上，放上櫻桃、開心果、紅醋栗，並淋上巧克力淋醬即可。

巴黎圈 Paris Ring

成品份量
8個

材料

A **巴黎圈麵糊** → 牛奶50ml 水50ml 無鹽奶油45g 細砂糖適量 鹽適量 低筋麵粉27g 高筋麵粉28g 雞蛋2個

B **咖啡卡士達餡** → 牛奶190ml 細砂糖15g 香草豆莢1/2條 無鹽奶油15g 蛋黃1個 細砂糖25g 鹽適量 卡士達粉15g 牛奶20ml 濃縮咖啡水1大匙 卡嚕哇咖啡酒1大匙

C **裝飾** → 草莓切片、薄荷葉、白巧克力、黑巧克力、開心果、糖粉各適量

烘焙計時

溫度 → 上火180℃/下火180℃

時間 → 50分鐘

做法

1. **巴黎圈麵糊**：將牛奶、水、無鹽奶油、細砂糖、鹽，以中火加熱至沸騰後，加入過篩低筋麵粉與高筋麵粉，迅速混合攪拌成麵糊狀，熄火，即為粗筋狀態。
2. 把混合好的麵糊倒入打蛋盆中，並分次加入打散的雞蛋，拌勻後將麵糊填入擠花袋內，備用。
3. 烤盤預先平鋪好烤盤紙，把巴黎圈麵糊順時鐘擠至烤盤上，成為一個圓環狀（圖a），巴黎圈與巴黎圈間隔約2公分距離。
4. 烤箱預熱後，以上、下火各180℃，烤約50分鐘左右，即可取出備用。
5. **咖啡卡士達餡**：將190ml牛奶、15g細砂糖及香草豆莢加熱至沸騰，備用。
6. 將25g細砂糖、鹽及卡士達粉拌勻後，加入蛋黃和20ml牛奶，攪拌均勻後，倒入已煮至沸騰的香草牛奶中，用打蛋器不斷攪拌煮至濃稠，且產生氣泡的狀態後熄火，並繼續快速攪拌至呈現光澤狀態，最後加入無鹽奶油拌勻，同時用保鮮膜包覆好，讓其冷卻後，倒入濃縮咖啡水和咖啡酒，混合均勻，放進冰箱冷藏備用。
7. 將烤好的圓形巴黎圈用鋸刀平均切成兩半，把咖啡卡士達餡填入擠花袋中，擠進半個巴黎圈內作為夾心，再覆蓋上另一半的巴黎圈即可。
8. **裝飾**：重疊幾個巴黎圈在盤子內，隨意擺上草莓切片、薄荷葉、白巧克力、黑巧克力、開心果，並灑上糖粉即可。

●製作泡芙的麵糊時，請務必注意將材料中的牛奶、水及奶油煮至沸騰，此一動作將會影響泡芙的膨脹程度。

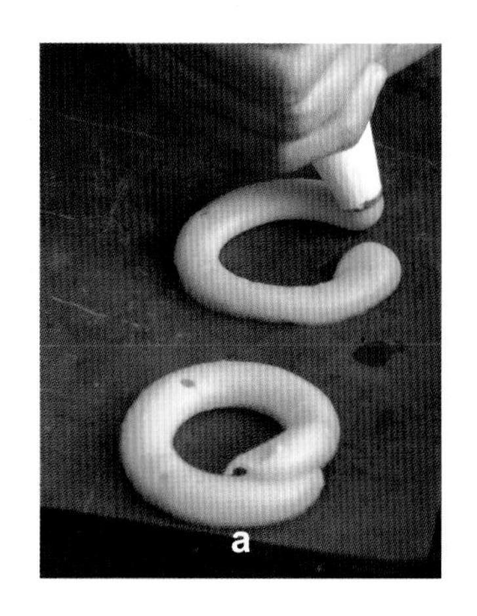

a

巴黎圈
Paris Ring

水果艾克力
Fruit Éclair

成品份量
10條

水果艾克力 Fruit Éclair

材料

A **泡芙** 牛奶50ml 水50ml 無鹽奶油45g 細砂糖適量 鹽適量 低筋麵粉55g 雞蛋2個

B **卡士達餡** 牛奶190ml 細砂糖15g 香草豆莢1/2條 細砂糖25g 鹽適量 卡士達粉15g 蛋黃1個 牛奶20ml 無鹽奶油15g

C **水果餡** 草莓5顆切片 奇異果2個切片 芒果1/2個切片

D **裝飾** 巧克力淋醬、糖粉各適量

烘焙計時

溫度 上火180℃/下火180℃

時間 50分鐘

做法

1 **泡芙**：將牛奶、水、無鹽奶油、細砂糖、鹽，以中火加熱至沸騰後，加入過篩低筋麵粉，迅速混合攪拌成麵糊狀，熄火，即為粗筋狀態。

2 把混合好的麵糊倒入打蛋盆中，並分次加入打散的雞蛋，拌勻後將麵糊填入擠花袋內，備用。

3 烤盤預先平鋪好烤盤紙，把泡芙麵糊擠一長條至烤盤上，每條大約長6公分、寬1.5~2公分的長條狀，泡芙與泡芙間隔約2公分距離。

4 烤箱預熱後，以上、下火各180℃，烤約50分鐘左右，即可取出備用。

5 **卡士達餡**：將190ml牛奶、15g細砂糖及香草豆莢加熱至沸騰，備用。

6 將25g細砂糖、鹽及卡士達粉拌勻後，加入蛋黃和20ml牛奶，攪拌均勻後，倒入已煮至沸騰的香草牛奶中，用打蛋器不斷攪拌煮至濃稠，且產生氣泡的狀態後熄火，並繼續快速攪拌至呈現光澤狀態，最後加入無鹽奶油拌勻，同時用保鮮膜包覆好，讓其冷卻，放進冰箱冷藏備用。

7 把烤好的長形泡芙對切至2/3處，使其呈現開口狀，把卡士達餡填入擠花袋中，擠入長條泡芙內約六分滿後，隨意夾入適量的草莓、奇異果、芒果切片，再擠上適量的卡士達餡，放進冰箱冷藏即可。

8 **裝飾**：將做好的水果艾克力放在盤子上，淋上巧克力醬，並灑上糖粉即可。

●巧克力淋醬：

1 材料：切碎的黑巧克力200g 鮮奶油80ml 牛奶60ml

2 做法：將鮮奶油、牛奶加熱至沸騰後，倒入切碎的黑巧克力中，浸泡約1分鐘後，將其拌勻至表面呈現亮度，稍待冷卻後即可做為裝飾用。

巧克力菠蘿泡芙 Fruit Éclair

成品份量 約12粒

材料

A **巧克力菠蘿皮** → 無鹽奶油100g 細砂糖90g 杏仁粉25g 低筋麵粉35g 高筋麵粉15g 泡打粉少許 無糖可可粉10g

B **泡芙** → 牛奶50ml 水50ml 無鹽奶油50g 細砂糖適量（約5g） 鹽適量 低筋麵粉50g 無糖可可粉5g 雞蛋2個

C **榛果卡士達餡** → 牛奶190ml 細砂糖15g 香草豆莢1/2條 蛋黃1個 細砂糖25g 鹽適量 卡士達粉15g 牛奶20ml 無鹽奶油15g 無糖榛果醬適量

烘焙計時

溫度 → 上火180℃/下火180℃

時間 → 50分鐘

做法

1 **巧克力菠蘿皮**：將無鹽奶油放在室溫下軟化。

2 將已軟化的無鹽奶油、細砂糖及杏仁粉用橡皮刮刀攪拌後，加入已過篩的低筋麵粉、高筋麵粉、泡打粉、無糖可可粉拌勻。

3 將拌好的巧克力菠蘿皮麵糰用保鮮膜包覆起來，放進冰箱冷藏至稍有硬度後，再取出使用。

4 **泡芙**：將牛奶、水、無鹽奶油、細砂糖、鹽，以中火加熱至沸騰後，加入過篩低筋麵粉和無糖可可粉，迅速混合攪拌成麵糊狀，熄火，即為粗筋狀態。

5 把混合好的麵糊倒入打蛋盆中，並分次加入打散的雞蛋，拌勻後將麵糊填入擠花袋內，備用。

6 從冰箱內取出巧克力菠蘿皮麵糰，搓揉後分成12小塊，用桿麵棍桿出比50元硬幣大，厚1公分的麵皮，備用。

7 烤盤預先平鋪好烤盤紙，把泡芙麵糊擠出約50元硬幣大小，泡芙與泡芙間隔約2公分距離，表面並擦拭蛋黃，最後用巧克力菠蘿皮平均覆蓋每一個泡芙。

8 烤箱箱預熱後，以上、下火各180℃，烤約50分鐘左右備用。

9 **榛果卡士達餡**：將190ml牛奶、15g細砂糖及香草豆莢加熱至沸騰，備用。

10 將25g細砂糖、鹽及卡士達粉拌勻後，加入蛋黃和20ml牛奶，攪拌均勻後，倒入已煮至沸騰的香草牛奶中，用打蛋器不斷攪拌煮至濃稠，且產生氣泡的狀態後熄火，並繼續快速攪拌至出現光澤，最後加入無鹽奶油拌勻，同時用保鮮膜包覆好，讓其冷卻後拌入無糖榛果醬攪勻放進冰箱冷藏備用。

11 把烤好的圓形泡芙對切至2/3處，使其呈現開口狀，把榛果卡士達餡填入擠花袋中，擠入泡芙內至九分滿即可（圖a）。

a

- 巧克力波蘿皮覆蓋麵糊時，請注意塑形的形狀須呈現外薄內厚的狀態，才會完成表面酥脆蓬鬆的作品。
- 內餡分量依個人喜好可自行調整。

巧克力
菠蘿泡芙
Fruit Éclair

飄浮雪球
Floating Island Snow Eggs

成品份量
7粒

飄浮雪球 Floating Island Snow Eggs

材料

A **蛋白霜** 蛋白2個 糖粉125g

B **香草醬** 動物性鮮奶油125ml 細砂糖40g 蛋黃2個 牛奶125ml 香草豆莢少許

C **焦糖** 細砂糖100g 水30ml

D **裝飾** 開心果、薄荷葉各適量

做法

1. **蛋白霜**：蛋白放入打蛋盆中，用電動打蛋器打至溼性發泡，並將糖粉分2~3次加入（圖a），繼續打至泡沫變得又白又亮，舀起來時有尖銳硬挺的角狀物時，表示蛋白霜已完成（圖b）。
2. 使用冰淇淋挖球器或湯匙，將表面沾溼後，挖一球蛋白霜讓其呈圓球狀，放入已沸至80℃的開水中（圖c），煮約1分鐘即翻面，再持續煮一分鐘，用手觸摸蛋白霜須呈微硬、不沾黏手的狀態（圖d），即可撈起備用。
3. **香草醬**：將動物性鮮奶油、一半份量（20g）的細砂糖和蛋黃，攪拌均勻備用。
4. 牛奶、香草豆莢和剩下一半份量（20g）的細砂糖加熱至沸騰，沖入已拌勻的做法3中，改以隔水加熱的方式，邊加熱邊攪拌至80℃，待香草醬舀起後會呈現慢慢滴落的稠狀，即可熄火冷卻冷藏備用。
5. **焦糖**：將細砂糖和水倒入單柄鍋中，拌勻後靜置不動，加熱至170℃，至其呈金黃色後，即可離火降溫至濃稠狀，備用。
6. **裝飾**：將香草淋醬適量淋至盤中，放入煮好的雪球（蛋白霜），用湯匙舀一些焦糖淋在雪球上面使其呈網狀（圖e），再放上開心果和薄荷葉即可。

a

b

c

d

e

- 焦糖煮好後勿過度降溫，否則會呈結塊狀。
- 糖及水加熱中禁止攪拌，以避免砂糖形成結晶凝固狀。

巧克力舒芙蕾 Chocolate Souffle

成品份量
2個

材料

A **巧克力麵糊** — 低筋麵粉10g 玉米粉5g 黑巧克力65g切碎 牛奶130ml 蛋黃1個 細砂糖15g 香草豆莢少許 無糖可可粉5g

B **蛋白霜** — 蛋白1個 糖粉25g 核桃仁4粒

C 無鹽奶油和細砂糖各適量（塗抹白色烤盅）

烘焙計時

溫度 — 上火210℃/下火180℃

時間 — 20分鐘

1. **巧克力麵糊**：低筋麵粉和玉米粉過篩；黑巧克力切碎，備用。
2. 將牛奶、蛋黃、細砂糖和香草豆莢，邊加熱邊攪拌至沸騰後，加入已過篩的低筋麵粉和玉米粉，以邊加熱邊攪拌的方式，煮至麵糊呈黏稠狀（圖a），再加入已切碎的黑巧克力和無糖可可粉拌勻後備用。
3. **蛋白霜**：蛋白放入打蛋盆中，用電動打蛋器打至溼性發泡，並將糖粉分2~3次加入，繼續打至泡沫變得又白又亮，舀起來時有尖銳硬挺的角狀物時，表示蛋白霜已完成。
4. 將烤箱溫度設定為170℃，把核桃仁放在烤盤上烤10分鐘左右，取出讓其冷卻，切碎備用。
5. 在煮好的巧克力麵糊中，先加入1/3份量的蛋白霜，用橡皮刮刀輕輕攪拌後（圖b），再加入剩下的2/3蛋白霜拌勻，最後將已烤過的碎核桃仁加入攪拌均勻。
6. 將白色烤盅內部塗抹適量無鹽奶油後（圖c），填滿細砂糖再將多餘的細砂糖倒出，使白色烤盅內部表面平均黏附細砂糖（圖d）。
7. 將拌入蛋白霜的巧克力麵糊倒入白色烤盅內至全滿狀態。
8. 烤箱預熱後，以上火210℃、下火180℃，烤約20分鐘左右，見巧克力舒芙蕾高度膨脹至1/2杯身以上高度，即可取出，在表面灑上糖粉，趁熱享用。

●舒芙蕾一定要趁熱享用，以免高度下陷影響口感；此外，也可以搭配冰淇淋一同享用，口味更佳。

a

b

c

d

巧克力舒芙蕾
Chocolate Souffle

水果沙巴勇
Italian Zabaione

成品份量
4杯

水果沙巴勇 Italian Zabaione

材料

A **綜合水果** → 草莓丁、奇異果丁、芒果丁、火龍果丁、洋香瓜丁各適量 糖水、香吉士果汁、櫻桃酒各適量

B **白葡萄酒醬** → 蛋黃2個 細砂糖40g 白葡萄酒75ml 君度橙酒5ml

C **裝飾** → 薄荷葉適量

做法

1 **綜合水果：**將糖水、香吉士汁和櫻桃酒混合均勻，把綜合水果丁浸泡在裡面，放進冰箱冷藏，備用。

2 **白葡萄酒醬：**將蛋黃、細砂糖、白葡萄酒和君度橙酒混合，用打蛋器以隔水加熱的方式，邊加熱邊攪拌至80℃，舀起後會呈現慢慢滴落的稠狀（圖a），即可將其隔冰水降溫備用。

3 將冰涼的綜合水果切丁取出，舀適量放入雞尾酒杯內至五分滿左右，上方淋入白葡萄酒醬至杯子的八分滿即可（圖b）。

4 **裝飾**：在完成好的水果沙巴勇上方，點綴薄荷葉即可。

a

b

● 沙巴勇簡稱蛋酒，它是一種用雞蛋、細砂糖和酒隔水加熱至80°C後，再降溫呈稠狀的醬汁。其製作過程很簡單，還可嘗試加入水果，除了增加口感變化，還能保有其富含醇酒風味的特質。

提拉蜜斯 Tiramisu

成品份量
6個

材料

A **手指餅乾** → 蛋白2個　細砂糖50g　蛋黃2個　玉米粉25g　低筋麵粉25g　糖粉適量

B **慕斯** → 蛋黃3個　細砂糖30g　檸檬1/2個刨皮　馬斯卡彭起士250g

C **咖啡糖水** → 即溶咖啡粉20g　開水100ml　卡嚕哇咖啡酒適量　細砂糖適量

D **裝飾** → 薄荷葉、金箔、開心果、紅醋栗、黑巧克力、無糖可可粉、動物性鮮奶油各適量

烘焙計時

溫度 → 上火200℃/下火170℃

時間 → 17分鐘

做法

1. **手指餅乾**：蛋白放入打蛋盆中，用電動打蛋器打至溼性發泡，並將細砂糖分2~3次加入，繼續打至泡沫變得又白又亮，舀起來時有尖銳硬挺的角狀物時，表示蛋白霜已完成。
2. 將蛋黃加入蛋白霜中，用打蛋器拌勻（圖a），再加入已過篩的玉米粉和低筋麵粉混合均勻成麵糊狀（圖b）；擠花袋前端先放入平口花嘴，再填入麵糊，備用。
3. 烤盤預先平鋪好烤盤紙，擠花袋擠出如手指般形狀的麵糊在烤盤上（圖c），在每條手指狀麵糊上方灑上一層薄薄糖粉。
4. 烤箱預熱後，以上火200℃、下火170℃，烤約17分鐘左右，即可取出備用。
5. **慕斯**：將蛋黃和細砂糖用打蛋器拌勻，以隔水加熱、半打半煮的方式，打至砂糖融化為乳白狀後，放入刨好的檸檬皮屑，即可熄火。隔冰水降溫後，續加入馬斯卡彭起士（圖d），充分混合攪拌至無結塊現象為止（圖e）。
6. 將混合均勻的馬斯卡彭起士慕斯，填入擠花袋中，備用。
7. **咖啡糖水**：將即溶咖啡粉、開水、卡嚕哇咖啡酒及細砂糖混合一起，並調和均勻成咖啡糖水。
8. 將每片手指餅乾都浸泡在咖啡糖水中，讓兩面都充分吸飽咖啡糖水（圖f）。
9. 在盤子中央，先擺一片手指餅乾，上方擠上適量的馬斯卡彭起士慕斯（圖g），再疊覆一片手指餅乾，如此重複交疊成三片狀後，放進冰箱冷凍。
10. **裝飾**：在冷凍好的提拉蜜斯上方，灑上一層薄薄的無糖可可粉，再隨意放上薄荷葉、金箔、開心果、紅醋栗、黑巧克力、無糖可可粉、動物性鮮奶油即可。

a

b

c

提拉蜜斯
Tiramisu

水果蛋糕捲
Fruit Cake Roll

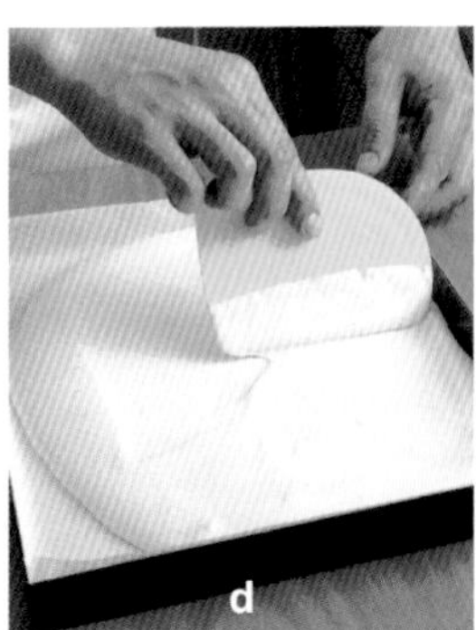

成品份量
1長條

水果蛋糕捲 Fruit Cake Roll

材料

A **戚風蛋糕** → 低筋麵粉40g　玉米粉5g　蛋黃2個　雞蛋1個　牛奶10ml　桔子汁10ml　沙拉油25ml　蛋白2個　細砂糖55g

B **優格餡** → 動物性鮮奶油415g　吉利丁片3片　細砂糖35g　原味優格100g

C **綜合水果** → 草莓10顆、奇異果2個切丁　罐頭橘子片40片

D **裝飾** → 糖粉、藍莓、紅醋栗、金箔、黑巧克力各適量

烘焙計時

溫度 → 上火180℃/下火130℃

時間 → 15分鐘

做法

1. **戚風蛋糕**：低筋麵粉和玉米粉，混合過篩後，備用。
2. 將蛋黃、雞蛋、牛奶、桔子汁及沙拉油放進打蛋盆中，用打蛋器攪拌均勻後，加入已過篩的低筋麵粉和玉米粉（圖a），繼續拌勻混和成麵糊。
3. 蛋白放入打蛋盆中，用電動打蛋器打至溼性發泡，並將細砂糖分2~3次加入，繼續打至泡沫變得又白又亮，舀起來時有尖銳硬挺的角狀物時（圖b），表示蛋白霜已完成。
4. 把1/3份量的蛋白霜加入麵糊中，用橡皮刮刀上下輕輕翻勻後，再加入剩下的2/3蛋白霜，繼續拌勻（圖c）。
5. 烤盤預先平鋪好烤盤紙，倒入做法4的麵糊，用刮板刮平表面（圖d）。
6. 烤箱預熱後，以上火180℃、下火130℃，烤約15分鐘左右，即可出爐備用。
7. **優格餡**：將3/4（300g）份量的動物性鮮奶油打發，備用。
8. 取適量的冷水加些許冰塊，把吉利丁片放入，讓其泡軟（時間建議20分鐘左右即可）後備用。
9. 將剩下的1/4（115g）動物性鮮奶油和細砂糖，加熱至糖溶解後熄火，待其稍涼後，加入已泡軟的吉利丁片拌至溶解（圖e），繼續加入原味優格用橡皮刮刀攪拌均勻，最後加入已打發的鮮奶油拌勻備用（圖f）。
10. 把烤好的戚風蛋糕平鋪在烤盤紙上，上面塗抹適量的優格餡，再平均放上綜合水果丁，一面拉起烤盤紙底部，一面朝著自己方向捲起（圖g），捲好後放進冰箱冷藏。
11. **裝飾**：將水果蛋糕捲取出，切片後放置盤子上，灑上一層薄薄糖粉，再隨意放上藍莓、紅醋栗、金箔、黑巧克力即可。

e

f

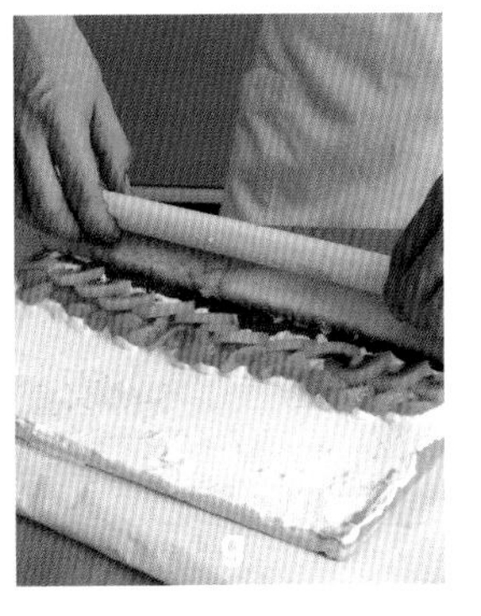
g

逸廊美食閣
Passage
patisserie & cafe
Han-Shien International Hotel

微笑的弧度
起司

Cheese

原味起司蛋糕
Cheese Cake

大理石起司蛋糕
Marbe Cheese Cake

酸奶椰汁起司蛋糕
Coconut And Sour Cream Cheese Cake

櫻桃起司蛋糕
Cherry Cheese Cake

咖啡起司蛋糕
Coffe Chesse Cake

起司（Cheese）是英文翻譯名稱，也有人叫它乳酪。

起士起源於西元前6000年左右，人類從飼養的牛、羊等家畜中獲得乳汁，為了能充分利用乳汁，必須能長時間的儲存乳汁，因而發現製作類似像優格的乳製品。

此外，也有記載說，約在世紀前3000年時，有一位阿拉伯的商人出外經商，利用羊的胃袋作為容器裝滿了乳汁，以便解渴之用，而在橫越沙漠的漫長旅程中，由於口渴，在飲用時，發現袋中的乳汁變成了柔軟的白色塊狀物體和乳清狀的液體，他試飲後發現有非常獨特的風味。因此當商人返回後，嘗試著使用其他容器來裝乳汁，卻無法使它產生相同的變化，後來才發現原來是羊的胃袋中含有的凝乳酵素，與乳汁發生作用，再經過烈日高溫的影響，使乳汁中的蛋白形成凝乳狀，而分離的水分則變成乳清，這就是乳酪製作的雛形。

一般說來，十一磅的鮮奶才能做出一磅的起司，香濃起司存在著高度的鈣質與蛋白質。不同階段的熟成好壞，以及發酵時溫度與濕度的控制是否適宜，都可決定起司的味道、香氣與品質。

製作起司的過程通常須經過凝固、瀝乾水份、加鹽到最後熟成等四個步驟。凝固後的乳汁會分成凝乳與乳漿，充分把水分瀝乾，去除多餘的乳漿，然後把鹽直接灑在起司表面，或把起司侵泡在鹽水中，有的起司還會在此時注入細菌、黴菌，使其發酵成為口味特殊的起士。

起司的種類

起司的種類據說有八百多種，不同種類的起士，顏色、風味和脂肪含量都不同。起士口味雖然各具特色，但以歐洲地區出產的最為豐富且多樣，大致上可分為新鮮起司、凝乳起司、軟質起司、半硬質起司、硬質起司、藍起司及加工起司等幾大類。

新鮮起司沒有經過熟成的過程，起司外表柔軟，保存期限較短，含有大量的水分與很低的脂肪；凝乳起司是在水中將凝乳不斷拉扯揉捏到成型為止，吃起來口感非常Q滑。

至於加工起士和天然起士有什麼不同呢？天然起士是以牛奶或羊奶作為原料，加入乳酸菌及凝乳酵素後，讓其凝固、濾除水分後，再浸於鹽水中三天，然後再經過四～六個月的發酵、熟成。加工起士則是將幾種天然起士打碎、加熱溶解，再冷卻凝固。它們最大的不同，是天然起士中的乳酸菌是活的，而加工起士中的乳酸菌是死的，另外，加工起士的水分較高，營養略為被稀釋，而磷質的含量較高（加工過程會加入磷酸鹽），優點是品質穩定，容易保存，也由於氣味已在加工過程中散失，口感上比較沒有一般人所畏懼的臭味。

目前台灣較常見的起士，是以片裝的加工起士為主，天然的起士也以臭味較輕的種類比較受歡迎。

在甜點製作上，起司也發揮了它最大的功效，不同的起司有著不同的運用方式，以致產生了千變萬化的迷人風味。一般我們在製作西點時，以奶油起司（cream cheese）及瑪斯卡彭起司（Mascarpone）最為普遍運用。

◆**奶油起司（Cream Cheese）**：是應用於製作乳酪蛋糕，及其他慕斯種類的甜點所必需的原料。

◆**瑪斯卡彭（Mascarpone）**：在義大利炙手可熱的甜點提拉米蘇，以它為重要原料，除了糕點製作之外，還可加入果醬、水果調味，變成一道精緻的飯後點心，當然在調製醬汁時，它也是不可或缺的好材料。

起司的營養價值

不管是哪種起士，都含有豐富的營養。它們是牛奶「濃縮」後的產物，所以牛奶的營養一樣也不少。起士含有豐富的蛋白質、維生素B群、鈣質，當然，它也是高熱量、高脂肪的食物。此外，天然起士中的乳酸菌更有助於整腸。起士中的蛋白質因為已被乳酸菌分解，所以比牛奶更容易消化。對於一喝牛奶就拉肚子的乳糖不耐症患者，也是一大福音，因為起士中的乳糖，大部份都在發酵過程被分解了。

起士的確是很好的食物，它含有豐富的營養，對於成長中的兒童、青少年以及懷孕的婦女，還有需要補充體力的人，都是良好的營養補充品。不過，既然起士是濃縮後的營養食品，就不宜吃多，吃得太多，就變成營養過剩，反而造成熱量與脂肪的過量攝取，容易增加身體的負擔。

一般起士的脂肪含量都含有20%以上，市售標榜低脂的片裝起士，則含有約10%的脂肪。雖然低脂的起士，熱量、脂肪及膽固醇都比較少，但脂溶性維生素A、D、E的含量也較低。由於起士在製造過程中會浸於鹽水中，因此含有大量的鹽份，高血壓病人應特別注意攝取量。

至於吃不完的起士，最好的保存方式，就是放在冰箱冷藏室中冷藏。打開包裝的起士，如果沒有一次吃完，也應用保鮮膜包好，避免接觸空氣，再放進冰箱內，才能妥善保鮮。

原味起司蛋糕
Cheese Cake

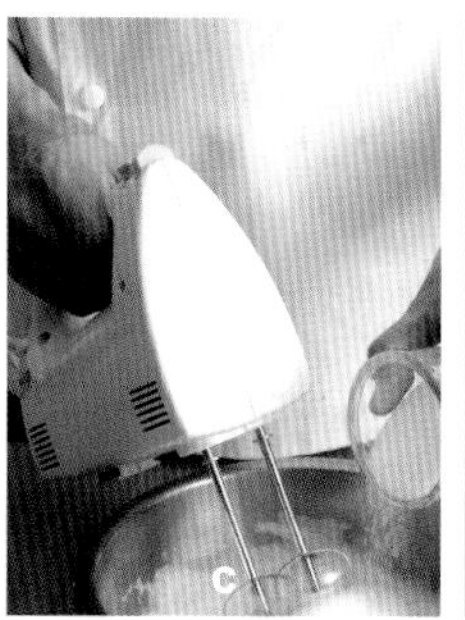

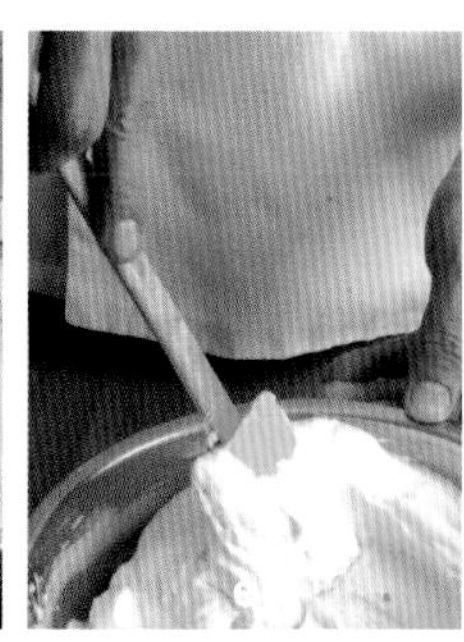

成品份量
6吋蛋糕
1個

原味起司蛋糕 Cheese Cake

材料

A **起司餡** → 無鹽奶油20g 奶油起司460g 細砂糖15g 蛋黃3個 檸檬汁適量 蛋白3個 細砂糖85g

B **戚風蛋糕** → 低筋麵粉40g 玉米粉5g 蛋黃2個 雞蛋1個 牛奶10ml 桔子汁10ml 沙拉油25ml 蛋白2個 細砂糖55g

C **裝飾** → 杏桃果膠適量

烘焙計時

溫度 → 上火210℃/下火100℃ 25分鐘
上火150℃/下火100℃ 60分鐘

時間 → 85分鐘（指做法中的時間加總）

做法

1. **起司餡**：將無鹽奶油放在室温下軟化；奶油起司取出放在室溫下。
2. 將在室溫下的奶油起司、細砂糖和已軟化的無鹽奶油隔水加熱，用打蛋器拌勻至起司軟化（圖a）後，再慢慢加入蛋黃和檸檬汁拌勻備用（圖b）。
3. 蛋白放入打蛋盆中，用電動打蛋器打至溼性發泡，並將細砂糖分2～3次加入（圖c），繼續打至泡沫變得又白又亮，舀起來時有尖銳硬挺的角狀物時（圖d），表示蛋白霜已完成。
4. 把1/3份量的蛋白霜加入打軟的起士餡中，用橡皮刮刀上下輕輕翻勻後，再加入剩下的2/3蛋白霜，用橡皮刮刀以上下輕輕拌攪的方式（以避免消泡），攪拌至呈現微光亮的狀態（圖e）。
5. **戚風蛋糕**：低筋麵粉和玉米粉，混合過篩後，備用。
6. 將牛奶、桔子汁及沙拉油加熱後放進打蛋盆中，再放入雞蛋和蛋黃，用打蛋器攪拌均勻後，加入已過篩的低筋麵粉和玉米粉（圖f），繼續拌勻混和成麵糊。
7. 蛋白放入打蛋盆中，用電動打蛋器打至溼性發泡，並將細砂糖分2～3次加入（圖c），繼續打至泡沫變得又白又亮，舀起來時有尖銳硬挺的角狀物時（圖d），表示蛋白霜已完成。
8. 把1/3份量的蛋白霜，加入戚風麵糊內，用橡皮刮刀上下輕輕翻勻（圖g），續加入剩下2/3份量的蛋白霜拌勻後，倒入6吋蛋糕模至七分滿。
9. 烤箱預熱後，以上火190℃、下火180℃，烤約35分鐘左右，待其冷卻後，用蛋糕用鋸子刀斜切0.5公分厚的高度，放入6吋起司蛋糕模底部。
10. 加入拌好的起司麵糊，使用橡皮刮刀抹平表面，把預熱好的烤箱放入烤盤，烤盤內倒入熱水約到烤盤的1/2高（圖h），以隔水方式放入起司麵糊，以上火210℃、下火100℃，烤至表面呈金黃色，大約25分鐘。
11. 再以上火降至150℃、下火100℃烤70分鐘左右即可出爐，冷卻後冷藏冰4小時以上，即可食用。

f

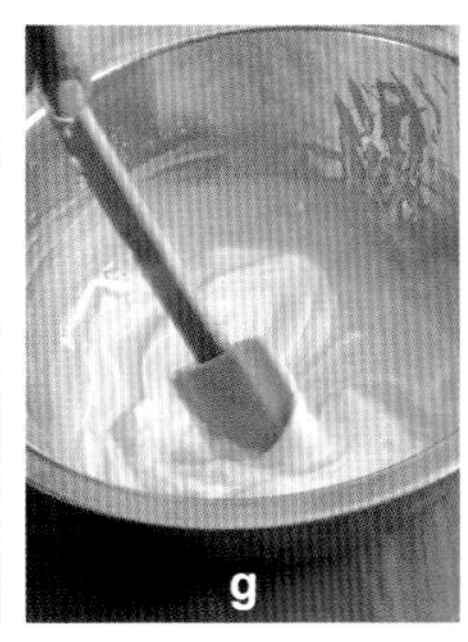
g

h

● 起司烤至表面呈金黃色較不會龜裂。

● 切起司蛋糕時，須使用加熱過的刀，較不會黏著起司，組織較完整。

大理石起司蛋糕 Marbe Cheese Cake

材料

A **底部** → 無鹽奶油40g 奇福餅乾80g

A **起司餡** → 奶油乳酪210g 細砂糖35g 椰奶28ml 動物性鮮奶油30ml 蛋黃1個 雞蛋1個 優格30g 檸檬汁適量

B **可可醬** → 無糖可可粉10g 水10ml

C **裝飾** → 草莓切片、奇異果切片、紅醋栗、白巧克力、金箔、開心果各適量

烘焙計時

溫度 → 上火150℃/下火150℃

時間 → 70分鐘

做法

1. **底部：**預先在慕斯框外圍的底部，平鋪好鋁箔紙，並將鋁箔紙圍住慕斯框往上折緊。
2. 將無鹽奶油加熱，讓其溶化成液體狀。
3. 將奇福餅乾壓成粉碎狀，加入已融化的無鹽奶油，用橡皮刮刀拌勻（圖a）後，倒入慕斯框內，並用湯匙壓至紮實（圖b），即可放進冰箱冷藏備用。
4. **起司餡：**將已預先取出，放在室溫下的奶油乳酪和細砂糖以隔水加熱方式，攪拌至卡夫起士軟化後，熄火。
5. 將椰奶和動物性鮮奶油倒入做法4中拌勻（圖c），再加入蛋黃和雞蛋拌勻，最後加入優格和檸檬汁拌勻。
6. **可可醬：**將無糖可可粉和水加熱後，仔細拌勻至無糖可可粉溶解，熄火後讓其冷卻，再加入50g的起司餡混合均勻，填入擠花袋內備用。
7. 將剩下份量的起士餡倒入慕斯框內，再把混拌好的做法6，以不規則線條方式，擠在起士餡表面（圖d），最後用竹籤在表面隨意畫紋路（圖e）。
8. 將慕斯框放入烤盤上，烤盤內加水至慕斯框高度的1/3處。
9. 烤箱預熱後，採隔水半烤半蒸方式，以上、下火各150℃，烤約70分鐘左右，待大理石蛋糕表面呈凝固狀後，即可放進冰箱冷藏3小時左右。
10. **裝飾：**將大理石蛋糕取出脫模，分切成5小條，放在盤子上，隨意擺上草莓切片、奇異果切片、紅醋栗、白巧克力、金箔、開心果即可。

a

b

c

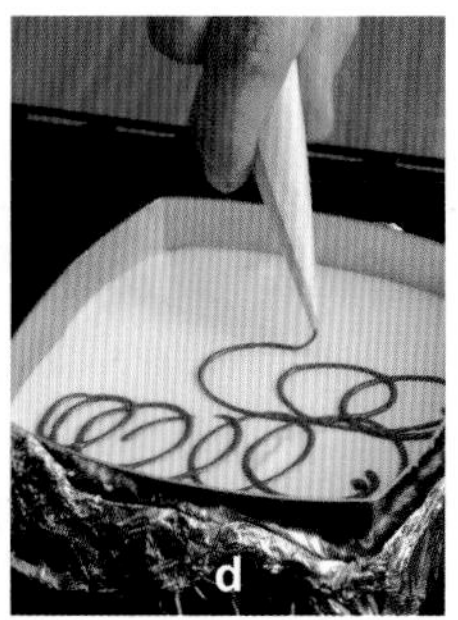
d

e

大理石起司蛋糕
Marbe Cheese Cake

材料

A 底部 — 無鹽奶油40g 消化餅乾100g

B 起司餡 — 奶油起司90g 細砂糖20g 玉米粉10g 椰奶85ml 動物性鮮奶油20ml 雞蛋1個 優格75g

C 裝飾 — 杏桃果膠、核桃仁、開心果、榛果、杏果粒、黑巧克力各適量

烘焙計時

溫度 — 上火150℃/下火150℃

時間 — 70分鐘

做法

1. **底部：**將無鹽奶油加熱，讓其溶化成液體狀。
2. 將消化餅乾壓成粉碎狀，加入已融化的無鹽奶油，用橡皮刮刀拌勻後，倒入6吋蛋糕模內，並用湯匙壓至紮實，即可放進冰箱冷藏備用。
3. **起司餡：**將已預先取出，放在室溫下的奶油起司，以及細砂糖和玉米粉以隔水加熱方式，攪拌至奶油起士軟化後，熄火。
4. 將椰奶和動物性鮮奶油倒入做法3中拌勻，再加入雞蛋拌勻，最後加入優格充分拌勻。
5. 將起司餡倒入6吋蛋糕模內，抹平後把蛋糕模放入烤盤上，烤盤內加水至蛋糕模高度的1/3處。
6. 烤箱預熱後，採隔水半烤半蒸方式，以上、下火各150℃，烤約70分鐘左右，待酸奶椰汁起士蛋糕表面呈凝固狀後，即可放進冰箱冷藏4小時以上。
7. **裝飾：**將酸奶椰汁起士蛋糕取出脫模，表面塗刷上一層杏桃果膠，再擺上核桃仁、開心果、榛果、杏果粒、黑巧克力即可。

成品份量 6吋蛋糕1個

酸奶椰汁起司蛋糕

Coconut And Sour Cream Cheese Cake

成品份量
小慕斯模
4個

櫻桃起司蛋糕
Cherry Cheese Cake

材料

A **底部** — OREO餅乾80g 無鹽奶油30g

B **起司餡** — 奶油起司190g 細砂糖35g 動物性鮮奶油15ml 雞蛋1個 酸奶20g 檸檬汁適量

C **裝飾** — 蜜紅櫻桃果餡、罐頭橘子片、奇異果、紅醋栗、黑巧克力、薄荷葉、巴芮可可粉各適量

溫度 — 上火150℃/下火150℃

時間 — 70分鐘

1. **底部**：預先在小慕斯框外圍的底部，平鋪好鋁箔紙，並將鋁箔紙圍住小慕斯框往上摺緊。
2. 將無鹽奶油加熱，讓其溶化成液體狀。
3. 將OREO餅乾壓成粉碎狀，加入已融化的無鹽奶油，用橡皮刮刀拌勻後，倒入每個小慕斯框內，並用湯匙壓至紮實，即可放進冰箱冷藏備用。
4. **起司餡**：將已預先取出，放在室溫下的奶油起司和細砂糖以隔水加熱方式，攪拌至奶油起司軟化後，熄火。
5. 將動物性鮮奶油倒入做法4中拌勻，再加入雞蛋拌勻，最後加入酸奶和檸檬汁拌勻。
6. 將起士餡倒入每個小慕斯框內，抹平後把小慕斯框模放入烤盤上，烤盤內加水至小慕斯框高度的1/3處。
7. 烤箱預熱後，以上、下火各150℃，烤約70分鐘左右，待櫻桃起士蛋糕表面呈凝固狀後，即可放進冰箱冷藏4小時以上。
8. **裝飾**：將起士蛋糕取出脫模，在蛋糕表面覆蓋適量的蜜紅櫻桃果餡，再擺上罐頭橘子片、奇異果、紅醋栗、黑巧克力、薄荷葉，灑上無糖可可粉即可。

咖啡起司蛋糕
Coffe Chesse Cake

成品份量
6吋蛋糕
1個

咖啡起司蛋糕 Coffe Chesse Cake

材料

A **底部** → 無鹽奶油30g 奇福餅乾80g 熟核桃20g

B **起司餡** → 動物性鮮奶油30ml 即溶咖啡粉3g（1小匙）奶油起司200g 細砂糖20g 蛋黃1個

C **蛋白霜** → 蛋白1個半 細砂糖35g

D **裝飾** → 杏桃果膠、草莓切片、奇異果切片、罐頭橘子片、櫻桃、紅醋栗、黑巧克力各適量

烘焙計時

溫度 → 上火210℃/下火100℃ 25分鐘
上火150℃/下火100℃ 60分鐘

時間 → 85分鐘（指做法中的時間加總）

做法

1. **底部**：將無鹽奶油加熱，讓其溶化成液體狀。
2. 將奇福餅乾和已烤熟的核桃都壓成粉碎狀，加入已融化的無鹽奶油，用橡皮刮刀拌勻後，倒入6吋蛋糕模內，並用湯匙壓至紮實，即可放進冰箱冷藏備用。
3. **起司餡**：將動物性鮮奶油和即溶咖啡粉加熱，讓咖啡粉溶化均勻，熄火備用。
4. 將已預先取出，放在室溫下的奶油起司和細砂糖，以隔水加熱方式，攪拌至奶油起士軟化後，熄火。再將蛋黃和已溶化的咖啡鮮奶油分別加入，充分拌勻後備用。
5. **蛋白霜**：將蛋白放入打蛋盆中，用電動打蛋器打至溼性發泡，並將細砂糖分2~3次加入，繼續打至泡沫變得又白又亮，舀起來時有尖銳硬挺的角狀物時，表示蛋白霜已完成。
6. 先取出1/3份量的蛋白霜，加入已混合好的咖啡起司中拌勻，再加入剩下2/3份量的蛋白霜充分拌勻。
7. 將咖啡起士餡倒入6吋蛋糕模內，抹平後把蛋糕模放入烤盤上，烤盤內加水至蛋糕模高度的1/3處。
8. 烤箱預熱後，採隔水半烤半蒸方式，以上火210℃、下火100℃，烤約25分鐘左右，烤至蛋糕表面呈金黃色；再改以上火降至150℃、下火100℃，烤約60分鐘左右，待咖啡起士蛋糕表面呈凝固狀後，即可放進冰箱冷藏4小時以上。
9. **裝飾**：將咖啡起士蛋糕取出脫模，表面塗刷上一層杏桃果膠，再擺上草莓切片、奇異果切片、罐頭橘子片、櫻桃、紅醋栗、黑巧克力即可。

- 當起司烤至表面呈金黃色澤時，表面會較有硬度，較不會產生龜裂。
- 切咖啡起司蛋糕或其他種類的起士蛋糕時，須使用預先加熱過的刀，較不會黏著起司，蛋糕組織會較完整。

在點心的世界裡，如果也有著愛蜜莉的存在，

瞧瞧看——

是造型千變萬化的巧克力塔、水果塔、洋梨塔，

還是躲藏著層層甜味的原味千層酥、栗子千層、蘋果千層酥，

讓我們放鬆心情，大膽的異想一下！

一切關於點心的種種，

相信你已經會心一笑地知道答案了！

酥皮
的異想世界

巧克力塔
Chocolat Tarte

成品份量
約4個

巧克力塔 Chocolat Tarte

材料

A **塔皮** — 無鹽奶油75g 低筋麵粉125g 糖粉30g 鹽適量 雞蛋半個 杏仁粉35g

B **檸檬餡** — 無鹽奶油40g 細砂糖30g 一粒檸檬擠出之檸檬汁 雞蛋1個 蛋黃1個 一粒檸檬磨出之檸檬皮碎

C **巧克力淋醬** — 黑巧克力50g 無鹽奶油20g 動物性鮮奶油65g

D **裝飾** — 開心果、金箔、巴芮可可粉各適量

烘焙計時

溫度 上火190℃/下火170℃

時間 20分鐘

做法

1. **塔皮**：將無鹽奶油放在室溫下軟化；低筋麵粉和糖粉分別過篩，備用。
2. 將無鹽奶油、鹽和已過篩的糖粉，充分拌勻後，分次加入雞蛋，再加入杏仁粉和已過篩的低筋麵粉拌勻成麵糰。
3. 取一張保鮮膜將麵糰包覆好，直接放進冰箱醒30分鐘以上，讓麵糰按下去為硬狀即可。
4. **檸檬餡**：將無鹽奶油放在室溫下軟化，備用。
5. 將細砂糖與雞蛋、蛋黃和無鹽奶油（圖a）用小火加熱並邊攪拌至黏稠起泡狀後，最後倒入檸檬汁、檸檬皮碎，即可熄火，待其冷卻後用保鮮膜包住，使其表面較不易結成塊狀，備用。
6. **巧克力淋醬**：將無鹽奶油放在室溫下軟化；黑巧克力切碎，備用。
7. 將動物性鮮奶油加熱至沸騰後熄火，沖入已切碎的巧克力和無鹽奶油中，稍微浸泡一下，用橡皮刮刀拌勻，備用。
8. 將塔皮從冰箱取出，用擀麵棍擀薄至0.3公分左右，把薄塔皮放入小塔模內，捏至完整後（圖b），用一根叉子在塔皮表面戳洞（圖c）。
9. 烤箱預熱後，將小塔模放入，以上火190℃、下火170℃，烤約20分鐘左右，即可取出備用。
10. 在烤好的塔皮內，先加入1/3份量的檸檬餡，再加入2/3份量的巧克力淋醬（圖d），即可放進冰箱冷藏。
11. **裝飾**：將已凝固的巧克力塔取出脫模，在上面擺放開心果和金箔，並灑上無糖可可粉即可。

a

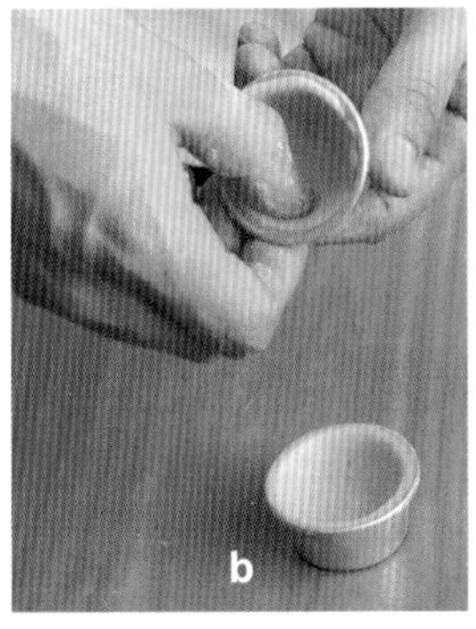
b

c

d

水果塔 Fruits Tarte

成品份量 10個

材料

A **塔皮** → 無鹽奶油75g　低筋麵粉125g　糖粉30g　鹽適量　雞蛋半個　杏仁粉35g

B **杏仁生料** → 無鹽奶油100g　糖粉100g　香草豆莢1/2條　雞蛋2個半　杏仁粉100g

C **綜合水果** → 卡士達餡120g（請參照本書96頁菠蘿泡芙做法）　奇異果切片、罐頭橘子片、草莓切片、芒果丁、杏桃果膠各適量

D **裝飾** → 黑巧克力、薄荷葉各適量

烘焙計時

溫度 → 上火170℃/下火190℃

時間 → 20分鐘

做法

1 **塔皮**：將無鹽奶油放在室温下軟化；低筋麵粉和糖粉分別過篩，備用。

2 將無鹽奶油、鹽和已過篩的糖粉，充分拌匀後，分次加入雞蛋，再加入杏仁粉和已過篩的低筋麵粉拌匀成麵糰。

3 取一張保鮮膜將麵糰包覆好，用擀麵棍將其擀薄成四方塊後，直接放進冰箱醒30分鐘以上，讓麵糰按下去為硬狀即可。

4 **杏仁生料**：將無鹽奶油放在室温下軟化；糖粉過篩，備用。

5 將軟化的無鹽奶油、已過篩的糖粉和香草豆莢，用打蛋器打至呈乳白狀，再分次加入雞蛋，最後加入杏仁粉，攪拌均匀，即可放進冰箱冷藏，備用。

6 將塔皮從冰箱取出，用擀麵棍擀薄至0.3公分左右，把薄塔皮放入船型小塔模內，捏至完整後，用一根叉子在塔皮表面戳洞。

7 將杏仁生料取出，填入擠花袋內，再擠入船型小塔模內，讓杏仁生料呈條狀（圖a）。

8 烤箱預熱後，以上火170℃、下火190℃，烤約20分鐘左右，即可取出。

9 將烤好船型塔脫模，上面擠適量的卡士達餡，再擺放綜合水果，表面刷上果膠即完成。

10 **裝飾**：在水果塔上面，放上黑巧克力和薄荷葉即可。

● 塔皮烘烤時請注意底部須呈現金黃色，口感方能香酥脆口。

水果塔
Fruits Tarte

洋梨塔
Pear Tarte

成品份量
7吋1個

洋梨塔 Pear Tarte

材料

A **塔皮** 低筋麵粉125g 無鹽奶油75g 糖粉30g 鹽適量 雞蛋半個 杏仁粉35g

B **杏仁餡** 無鹽奶油 50g 糖粉60g 雞蛋1個 杏仁粉60g 玉米粉1大匙 卡士達餡135g （請參照本書96頁菠蘿泡芙做法） 蘭姆酒1大匙 西洋梨4個

C **裝飾** 紅醋栗、開心果、巧克力淋醬各適量

烘焙計時

溫度 上火190℃/下火200℃

時間 40分鐘

做法

1. **塔皮**：將無鹽奶油放在室溫下軟化；低筋麵粉和糖粉分別過篩，備用。
2. 將無鹽奶油、鹽和已過篩的糖粉，充分拌勻後，分次加入雞蛋，再加入杏仁粉和已過篩的低筋麵粉拌勻成麵糰。
3. 取一張保鮮膜將麵糰包覆好，直接放進冰箱醒30分鐘以上，讓麵糰按下去為硬狀即可。
4. **杏仁餡**：將無鹽奶油放在室溫下軟化；糖粉過篩，備用。
5. 將軟化的無鹽奶油、已過篩的糖粉，用打蛋器打至呈乳白狀後，分次加入雞蛋拌勻，再加入杏仁粉和玉米粉，攪拌均勻後，加入卡士達餡和蘭姆酒拌勻，即可放進冰箱冷藏，備用。
6. 將塔皮從冰箱取出，用擀麵棍擀薄至0.3公分左右，平鋪放入7吋塔模內，按壓至平整，將塔模邊多餘塔皮切掉，備用。
7. 將杏仁餡取出，填入擠花袋內，再擠入塔模內約1/2滿後，把西洋梨去皮對半切開再去籽，然後在表面切橫條狀但不要切斷（約1/2深度），將西洋梨切片展開平放在塔皮和杏仁餡上。
8. 烤箱預熱後，以上火190度、下火200度，烤約40分鐘左右，即可取出，讓其冷卻。
9. **裝飾**：將洋梨塔脫模，切片後放置盤子上，隨意在盤子內，放上紅醋栗、開心果，並淋上巧克力淋醬即可。

- 塔皮底部烘烤呈現金黃色後，才有酥脆口感。
- 洋梨排列於塔皮時請排列呈圓弧狀，切記勿重疊。

乳酪塔 Cheese Tarte

成品份量
4個

材料

A **塔皮** → 無鹽奶油75g　低筋麵粉125g　糖粉30g　鹽適量　雞蛋半個　杏仁粉35g

B **乳酪餡** → 奶油起司100g　低筋麵粉5g　牛奶100ml　細砂糖40g　蛋黃2個　檸檬汁20ml　蛋白1個　細砂糖20g

C **裝飾** → 紅醋粒、薄荷葉各適量

烘焙計時

塔皮溫度 → 上火190℃/下火150℃

塔皮時間 → 20分鐘

乳酪溫度 → 上火190℃/下火150℃

乳酪時間 → 15～20分鐘

做法

1. **塔皮**：將無鹽奶油放在室温下軟化；低筋麵粉和糖粉分別過篩，備用。
2. 將無鹽奶油、鹽和已過篩的糖粉，充分拌勻後，分次加入雞蛋，再加入杏仁粉和已過篩的低筋麵粉拌勻成麵糰。
3. 取一張保鮮膜將麵糰包覆好，直接放進冰箱醒30分鐘以上，讓麵糰按下去為硬狀即可。
4. 將塔皮從冰箱取出，用擀麵棍擀薄至0.3公分左右，，把薄塔皮放入小塔模內，捏至完整後，用一根叉子在塔皮表面戳洞。
5. 烤箱預熱後，以上火190℃、下火170℃，將塔皮放進烤箱內，烤約20分鐘左右，即可取出備用。
6. **乳酪餡**：將奶油起司放在室温下；低筋麵粉過篩，備用。
7. 將已放在室温下的奶油起司和牛奶、40g細砂糖，以隔水加熱方式，攪拌至奶油起士軟化後，加入蛋黃（圖a）和已過篩的低筋麵粉拌勻後，再加入檸檬汁拌至稠狀，備用。
8. 將蛋白放入打蛋盆中，用電動打蛋器打至溼性發泡，並將20g細砂糖分2~3次加入，繼續打至泡沫變得又白又亮，舀起來時有尖銳硬挺的角狀物時，表示蛋白霜已完成。
9. 取1/2份量的蛋白霜與乳酪餡拌勻（圖b），再把剩餘1/2份量的蛋白霜加入拌至均勻後，填入已烤好的塔皮中至九分滿。
10. 烤箱預熱後，以上火190℃、下火150℃，烤約15～20分鐘左右，即可取出讓其冷卻。
11. **裝飾**：將乳酪塔脫模，放置盤子上，隨意在盤子上放上紅醋粒和薄荷葉即可。

●放置乳酪餡前，塔皮務必烘烤呈金黃色才可將乳酪餡填入，才可達到塔皮口感酥脆效果。

a

b

乳酪塔
Cheese Tarte

核桃塔
Noix Tarte

成品份量
約7個

核桃塔 Noix Tarte

材料

A **塔皮**→ 無鹽奶油75g　低筋麵粉125g　糖粉30g　鹽適量
雞蛋半個　杏仁粉35g

B **焦糖核桃**→ 核桃仁125g　細砂糖60g　動物性鮮奶油60ml
香草豆莢1/2條

C **裝飾**→ 金箔、糖粉各適量

烘焙計時

溫度→ 上火190℃/下火170℃

時間→ 20分鐘

做法

1. **塔皮**：將無鹽奶油放在室温下軟化；低筋麵粉和糖粉分別過篩，備用。
2. 將無鹽奶油、鹽和已過篩的糖粉，充分拌勻後，分次加入雞蛋，再加入杏仁粉和已過篩的低筋麵粉拌勻成麵糰。
3. 取一張保鮮膜將麵糰包覆好，直接放進冰箱醒30分鐘以上，讓麵糰按下去為硬狀即可。
4. 將塔皮從冰箱取出，用擀麵棍擀薄至0.3公分左右，，把薄塔皮放入小塔模內，捏至完整後，用一根叉子在塔皮表面戳洞。
5. 烤箱預熱後，以上火190℃、下火170℃，將塔皮放進烤箱內，烤約20分鐘左右，即可取出備用。
6. **焦糖核桃**：將烤箱溫度設定為150℃，把核桃仁放在烤盤上烤25分鐘左右，取出讓其冷卻備用。
7. 將細砂糖加熱至呈金黃色溶解狀，緩緩加入動物性鮮奶油和香草豆莢拌勻（圖a），最後加入已烤過的核桃仁，拌至焦糖黏附在核桃仁上（圖b），趁微溫時把焦糖核桃放入塔內（圖c），即可密封保存。
8. **裝飾**：將核桃塔取出脫模，上面放上金箔點綴，並灑上糖粉即可。

a

b

c

- 核桃仁烘烤時間過久會使口感變苦及產生油味。
- 此配方亦可使用榛果、花生、杏仁丁代替核桃。

原味千層酥 Vanilla Strudel

成品份量
5組

材料

A **起酥片** → 無鹽奶油150g　高筋麵粉340g　低筋麵粉340g　鹽10g　冰水270ml　無鹽奶油400g（包覆起酥麵糰中）

B **卡士達餡** → 牛奶190ml　細砂糖15g　香草豆莢1/2條　細砂糖25g　鹽適量　卡士達粉15g　蛋黃1個　牛奶20ml　無鹽奶油15g

C **裝飾** → 白巧克力、紅醋栗、開心果、金箔、薄荷葉、巧克力淋醬、糖粉各適量

烘焙計時

溫度 → 上火190℃/下火180℃

時間 → 70分鐘

做法

1. **起酥片**：將無鹽奶油放在室溫下軟化；高筋麵粉和低筋麵粉過篩，備用。
2. 將已軟化的150g無鹽奶油和已過篩的高筋麵粉、低筋麵粉、鹽混合，用手搓揉呈鬆散狀，再加入冰水搓勻，使其呈麵糰狀後，用保鮮膜包覆好、壓平，放入冰箱冰凍，待麵糰按下去為稍硬狀即可。
3. 將已軟化的400g無鹽奶油，用手壓成約0.5公分厚度高的四方形，放進冰箱冷藏為硬狀後，將其取出來，鋪放在麵糰內，將麵糰對折包覆，用擀麵棍擀開至厚度約0.5公分，再以4摺4的方式，摺兩次後，用保鮮膜包覆好，放進冰箱冷凍，鬆弛約30分鐘。
4. 再取出擀開至厚度約0.5公分，再以4摺4的方式摺一次，放入冰箱冷凍為硬狀，再擀開至0.2公分厚，用保鮮膜包覆好，放進冰箱冷凍至硬後，取出在其上用叉子戳細洞（圖a）。
5. 烤箱預熱後，以上火190℃、下火180℃，烤至膨脹、表面微金黃色後（約20分鐘），再取一塊烤盤壓在起酥片上壓至緊密後（圖b），再放進烤箱烤約50分鐘，至其呈金黃色即可。
6. **卡士達餡**：將190ml牛奶、15g細砂糖及香草豆莢加熱至沸騰，備用。
7. 將25g細砂糖、鹽及卡士達粉拌勻後，加入蛋黃和20ml牛奶，攪拌均勻後，倒入已煮至沸騰的香草牛奶中，用打蛋器不斷攪拌煮至濃稠，且產生氣泡的狀態（圖c）後熄火，並繼續快速攪拌至呈現光澤狀態，最後加入無鹽奶油拌勻，同時用保鮮膜包覆好，讓其冷卻後，再取出填入擠花袋內。
8. 將烤好的起酥皮切成3片，每片長6.5公分、寬4公分的大小，把第一片起酥皮擠上水滴狀的卡士達餡（圖d），再疊上第二片起酥皮（圖e），重複疊3層後，即可放進冰箱冷藏。
9. **裝飾**：將千層酥放在盤子上，隨意放上白巧克力、紅醋栗、開心果、金箔、薄荷葉，並淋上巧克力淋醬和灑上糖粉即可。

a

b

c

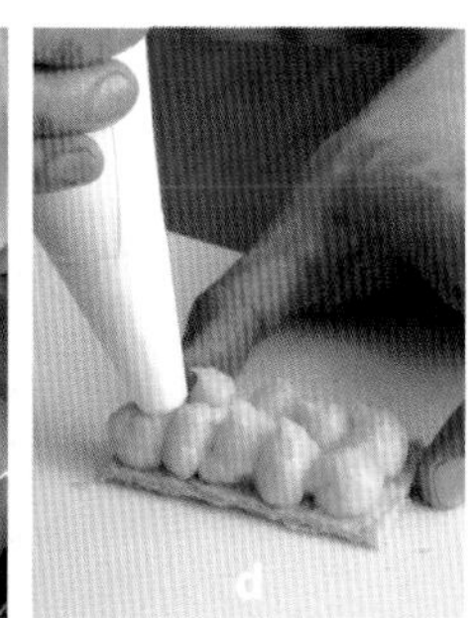
d

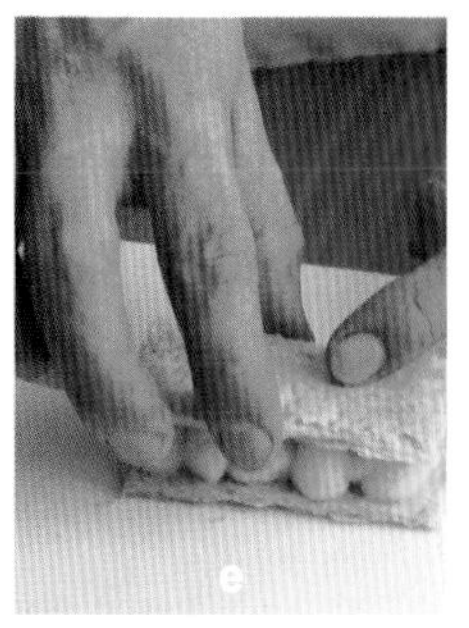
e

原味千層酥
Vanilla Strudel

阿生師傳說

●想節省時間的話，起酥片一般材料行，即有販賣現成的。

栗子千層
Marrons Strudel

成品份量
約15粒

栗子千層 Marrons Strudel

材料

A **起酥片** 無鹽奶油150g　高筋麵粉340g　低筋麵粉340g
鹽10g　冰水270ml　無鹽奶油400g（包覆起酥麵糰中）
細砂糖適量（灑在成品表面用）

B **杏仁生料** 無鹽奶油100g　糖粉100g　香草豆莢1/2條
雞蛋2個半　杏仁粉100g　烤栗子30粒

C **裝飾** 杏桃果膠適量

烘焙計時

溫度 上火180℃/下火180℃

時間 50分鐘

做法

1. **起酥片**：將無鹽奶油放在室溫下軟化；高筋麵粉和低筋麵粉過篩，備用。
2. 將已軟化的150g無鹽奶油和已過篩的高筋麵粉、低筋麵粉、鹽混合，用手搓揉呈鬆散狀，再加入冰水搓勻，使其呈麵糰狀後，用保鮮膜包覆好、壓平，放入冰箱冰凍，待麵糰按下去為稍硬狀即可。
3. 將已軟化的400g無鹽奶油，用手壓成約0.5公分厚度高的四方形，放進冰箱冷藏為硬狀後，將其取出來，鋪放在麵糰內，將麵糰對折包覆，用擀麵棍擀開至厚度約0.5公分，再以4摺4的方式，摺兩次後，用保鮮膜包覆好，放進冰箱冷凍，鬆弛約30分鐘。
4. 再取出擀開至厚度約0.5公分，再以4摺4的方式摺一次，放入冰箱冷凍為硬狀，再擀開至0.2公分厚，用保鮮膜包覆好，放進冰箱冷凍至硬。
5. **杏仁生料**：將無鹽奶油放在室溫下軟化；糖粉過篩，備用。
6. 軟化的無鹽奶油、已過篩的糖粉和香草豆莢，用打蛋器打至呈乳白狀，再分次加入雞蛋，最後加入杏仁粉，攪拌均勻，即可放進冰箱冷藏，備用。
7. 將起酥皮取出，先分切成15個起酥麵糰，每個麵糰約為5×5公分的正方形，並用擀麵棍將其擀薄後（圖a），中間擠入適量杏仁生料，放入2粒烤栗子粒，並以對角方式對折讓起酥皮密合後（圖b），放入小慕斯框內（圖c），表面均勻灑上細砂糖。
8. 烤箱預熱後，以上、下火各180℃，烤約50分鐘左右，即可取出。
9. **裝飾**：將栗子千層脫模後，刷上一層薄薄的杏桃果膠即可。

a

b

c

蘋果千層酥 Apple Strudel

成品份量
5個

材料

A **蘋果餡** → 無鹽奶油適量　蘋果1個　肉桂糖10g
細砂糖100g

B **起酥片** → 無鹽奶油150g　高筋麵粉340g　低筋麵粉340g
鹽10g　冰水270ml　無鹽奶油400g（包覆起酥麵糰中）

C **裝飾** → 核桃仁、開心果、焦糖淋醬、糖粉各適量

烘焙計時

溫度 → 上火180℃/下火200℃

時間 → 40分鐘

做法

1. **起酥片**：將無鹽奶油放在室温下軟化；高筋麵粉和低筋麵粉過篩，備用。
2. 將已軟化的150g無鹽奶油和已過篩的高筋麵粉、低筋麵粉、鹽混合，用手搓揉呈鬆散狀，再加入冰水搓勻，使其呈麵糰狀後，用保鮮膜包覆好、壓平，放入冰箱冰凍，待麵糰按下去為稍硬狀即可。
3. 將已軟化的400g無鹽奶油，用手壓成約0.5公分厚度高的四方形，放進冰箱冷藏為硬狀後，將其取出來，鋪放在麵糰內，將麵糰對折包覆，用擀麵棍擀開至厚度約0.5公分，再以4摺4的方式，摺兩次後，用保鮮膜包覆好，放進冰箱冷凍，鬆弛約30分鐘。
4. 再取出擀開至厚度約0.5公分，再以4摺4的方式摺一次，放入冰箱冷凍為硬狀，再擀開至0.2公分厚，用保鮮膜包覆好，放進冰箱冷凍至硬。
5. 將起酥片取出，先均等分成5個小起酥麵糰，再分別用擀麵棍壓平成直徑約6公分的圓形。
6. **蘋果餡**：將無鹽奶油加熱至融化；蘋果去皮，切成薄片狀。
7. 烤盤預先平鋪好烤盤紙，將圓形起酥麵皮放進烤盤上，表面刷上一層融化的無鹽奶油（圖a），灑上適量的肉桂糖（圖b），再把蘋果切片排列在起酥麵皮上（圖c），最後再刷上一層融化的無鹽奶油，灑上適量的肉桂糖（圖d）。
8. 烤箱預熱後，以上火180℃、下火200℃，烤約40分鐘左右，即可取出。
9. **裝飾**：將蘋果千層酥放在盤子上，隨意擺上核桃仁和開心果，並淋上焦糖淋醬和灑一些糖粉即可。

阿生師傳說

● 肉桂糖的配方為將100g細砂糖和10g肉桂粉，混合拌勻即可。

蘋果千層酥
Apple Strudel

櫻桃千層條
Cherry Strudel

成品份量
4條

櫻桃千層條 Cherry Strudel

材料

A 罐裝蜜紅櫻桃果餡200g

B **起酥片** 無鹽奶油150g 高筋麵粉340g 低筋麵粉340g 鹽10g 冰水270ml 無鹽奶油400g（包覆起酥麵糰中）
雞蛋1個（刷起酥皮表面）
細砂糖適量（灑在成品表面用）

C **杏仁生料** 無鹽奶油100g 糖粉100g 香草豆莢1/2條 雞蛋2個半 杏仁粉100g

D **裝飾** 白巧克力、黑巧克力、紅醋栗、罐頭橘子片、草莓切片、薄荷葉各適量

烘焙時間

溫度 上火200℃/下火170℃

時間 40分鐘

做法

1. **起酥片**：將無鹽奶油放在室溫下軟化；高筋麵粉和低筋麵粉過篩，備用。
2. 將已軟化的150g無鹽奶油和已過篩的高筋麵粉、低筋麵粉、鹽混合，用手搓揉呈鬆散狀，再加入冰水搓勻，使其呈麵糰狀後，用保鮮膜包覆好、壓平，放入冰箱冰凍，待麵糰按下去為稍硬狀即可。
3. 將已軟化的400g無鹽奶油，用手壓成約0.5公分厚度高的四方形，放進冰箱冷藏為硬狀後，將其取出來，鋪放在麵糰內，將麵糰對折包覆，用擀麵棍擀開至厚度約0.5公分，再以4摺4的方式，摺兩次後，用保鮮膜包覆好，放進冰箱冷凍，鬆弛約30分鐘。
4. 再取出擀開至厚度約0.5公分，再以4摺4的方式摺一次，放入冰箱冷凍為硬狀，再擀開至0.2公分厚，用保鮮膜包覆好，放進冰箱冷凍至硬。
5. **杏仁生料**：將無鹽奶油放在室溫下軟化；糖粉過篩，備用。
6. 軟化的無鹽奶油、已過篩的糖粉和香草豆莢，用打蛋器打至呈乳白狀，再分次加入雞蛋，最後加入杏仁粉，攪拌均勻，即可放進冰箱冷藏，備用。
7. 將起酥片切成寬約6公分的長條狀，用擀麵棍將其擀薄後；把杏仁生料填入擠花袋內，在起酥片中央擠出細條狀，上面擺放蜜紅櫻桃果餡（圖a），並在果餡周圍刷上一層蛋液（圖b）。
8. 另切一片寬約7公分的起酥片，同樣用擀麵棍將其擀薄後，在起酥片中間斜切條紋狀（圖c），再將其覆蓋在做法7的起酥片上（圖d），表面均勻刷上蛋液，並灑上適量細砂糖。
9. 烤箱預熱後，以上火200℃、下火170℃，烤約40分鐘左右，即可取出。
10. **裝飾**：將櫻桃千層條放在盤子上，隨意擺上白巧克力、黑巧克力、紅醋栗、罐頭橘子片、草莓切片和薄荷葉即可。

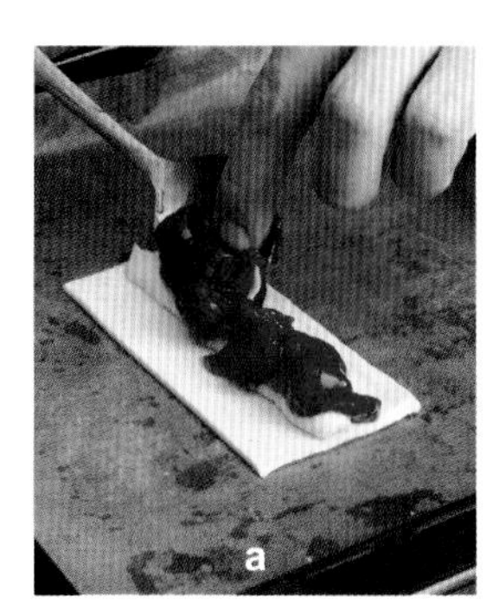
a

b

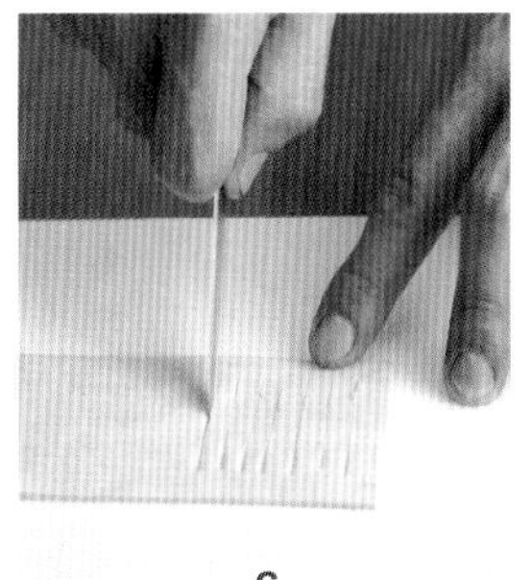
c

d

芒果千層 Mango Strudel

成品份量
5組

材料

A **起酥片** → 無鹽奶油150g　高筋麵粉340g　低筋麵粉340g　鹽10g　冰水270ml　無鹽奶油400g（包覆起酥麵糰中）

B **卡士達餡** → 牛奶190ml　細砂糖15g　香草豆莢1/2條　細砂糖25g　鹽適量　卡士達粉15g　蛋黃1個　牛奶20ml　無鹽奶油15g

C **芒果** → 1個去皮切片

D **裝飾** → 紅醋栗、開心果、黑巧克力、紅醋栗、薄荷葉、覆盆子淋醬、糖粉各適量

烘焙計時

溫度 → 上火190℃/下火180℃

時間 → 70分鐘

做法

1. **起酥片**：將無鹽奶油放在室溫下軟化；高筋麵粉和低筋麵粉過篩，備用。
2. 將已軟化的150g無鹽奶油和已過篩的高筋麵粉、低筋麵粉、鹽混合，用手搓揉呈鬆散狀，再加入冰水搓勻，使其呈麵糰狀後，用保鮮膜包覆好、壓平，放入冰箱冰凍，待麵糰按下去為稍硬狀即可。
3. 將已軟化的400g無鹽奶油，用手壓成約0.5公分厚度高的四方形，放進冰箱冷藏為硬狀後，將其取出來，鋪放在麵糰內，將麵糰對折包覆，用擀麵棍擀開至厚度約0.5公分，再以4摺4的方式，摺兩次後，用保鮮膜包覆好，放進冰箱冷凍，鬆弛約30分鐘。
4. 再取出擀開至厚度約0.5公分，再以4摺4的方式摺一次，放入冰箱冷凍為硬狀，再擀開至0.2公分厚，用保鮮膜包覆好，放進冰箱冷凍至硬後，取出在其上用叉子戳細洞（圖a）。
5. 烤箱預熱後，以上火190℃、下火180℃，烤至膨脹、表面微金黃色後（約20分鐘），再取一塊烤盤壓在起酥片上壓至緊密後（圖b），再放進烤箱烤約50分鐘，至其呈金黃色即可。
6. **卡士達餡**：將190ml牛奶、15g細砂糖及香草豆莢加熱至沸騰，備用。
7. 將25g細砂糖、鹽及卡士達粉拌勻後，加入蛋黃和20ml牛奶，攪拌均勻後，倒入已煮至沸騰的香草牛奶中，用打蛋器不斷攪拌煮至濃稠，且產生氣泡的狀態（圖c）後熄火，並繼續快速攪拌至呈現光澤狀態，最後加入無鹽奶油拌勻，同時用保鮮膜包覆好，讓其冷卻後，再取出填入擠花袋內。
8. 將烤好的起酥皮切成3片，每片約為6×6公分的正方形，把第一片起酥皮擠上水滴狀的卡士達餡，並在上面放上適量的芒果切片（圖d），再疊上第二片起酥皮，擠上卡士達餡、放芒果切片，重複疊3層後，即可放進冰箱冷藏。
9. **裝飾**：將芒果千層放在盤子上，隨意放上紅醋栗、開心果、黑巧克力、紅醋栗、薄荷葉，並淋上覆盆子淋醬，灑上糖粉即可。

a

b

c

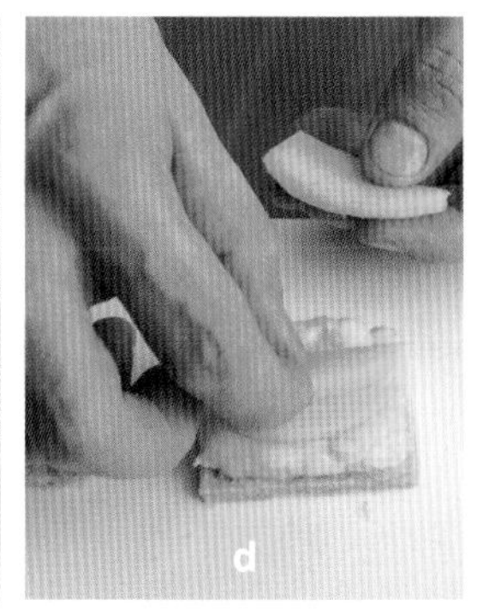
d

芒果千層
Mango Strudel

附錄一　食材容量與重量換算表

單位：克（g）

項目＼容量	1大匙	1小匙	1/2小匙	1/4小匙
鮮奶油	16	5	4	2
牛奶	16	6	4	2
麵粉	10	5	3	2
糖	15	6	4	2
香草精	16	5	4	2
綠茶粉	10	5	3	1
伯爵茶	6	2	1	0.5
白蘭地	15	5	4	2
咖啡粉	6	3	1	0.5
果凍粉	12	6	4	2
奇福餅乾	10	5	3	2
可可粉	10	5	3	1
熟核桃	20	10	6	4
杏仁粉	10	5	3	2
卡士達粉	12	6	3	2
泡打粉	15	8	4	2
糖粉	15	7	4	2
杏果粒	20	10	6	4
小蘇打粉	10	5	3	2
蜜紅櫻桃	20	10	5	3
葡萄乾	20	10	5	3
糖漬橙皮	25	12	7	4
玉米粉	10	5	3	2

附錄二　全省烘焙材料行 

台北市

燈燦
103台北市大同區民樂街125號
(02) 2553-4527
精浩
103台北市大同區太原路21號1樓
(02) 2550-8978
洪春梅
103台北市民生西路389號
(02) 2553-3859
果生堂
104台北市中山區龍江路429巷8號
(02) 2502-1619
申崧
105台北市松山區延壽街402巷2弄13號
(02) 8787-2750
義興
105台北市富錦街574巷2號
(02) 2760-8115
源記（富陽）
106北市大安區富陽街21巷18弄4號1樓
(02) 2736-6376
正大（康定）
108台北市萬華區康定路3號
(02) 2311-0991
倫敦
108台北市萬華區廣州街222號之1
(02) 2306-8305
源記（崇德）
110台北市信義區崇德街146巷4號1樓
(02) 2736-6376
頂騵
110台北市信義區莊敬路340號2樓
(02) 8780-2469
大億
111台北市士林區大南路360號
(02) 2883-8158
飛訊
111台北市士林區承德路四段277巷83號
(02) 2883-0000
元寶
114台北市內湖區環山路二段133號2樓
(02) 2658-9568
得宏
115台北市南港區研究院路一段96號
(02) 2783-4843
菁乙
116台北市文山區景華街88號
(02) 2933-1498
全家（景美）
116台北市羅斯福路五段218巷36號1樓
(02) 2932-0405
全家（中和）
235台北縣中和市景安路90號
(02) 2245-0396

基隆

美豐
200基隆市仁愛區孝一路37號2樓
(02) 2422-3200
富盛
200基隆市仁愛區曲水街18號1樓
(02) 2425-9255
嘉美行
202基隆市中正區豐稔街130號B1
(02) 2462-1963
證大
206基隆市七堵區明德一路247號
(02) 2456-6318

台北縣

大家發
220台北縣板橋市三民路一段99號
(02) 8953-9111
全成功
220台北縣板橋市互助街36號（新埔國小旁）
(02) 2255-9482
旺達
220台北縣板橋市信義路165號
(02) 2952-0808
聖寶
220台北縣板橋市觀光街5號
(02) 2963-3112
佳佳
231台北縣新店市三民路88號
(02) 2918-6456
艾佳（中和）
235台北縣中和市宜安路118巷14號
(02) 8660-8895
安欣
235台北縣中和市連城路347巷6弄33號
(02) 2226-9077
馥品屋
238台北縣樹林鎮大安路173號
(02) 8675-1687
鼎香居
242台北縣新莊市中和街14號
(02) 2998-2335
永誠（鶯歌）
239台北縣鶯歌鎮文昌街14號
(02) 2679-8023
崑龍
241台北縣三重市永福街242號
(02) 2287-6020
合名
241台北縣三重市重新路四段244巷32號1樓
(02) 2977-2578
今今
248台北縣五股鄉四維路142巷15號
(02) 2981-7755
虹泰
251台北縣淡水鎮水源街一段38號
(02) 2629-5593

宜蘭

欣新
260宜蘭市進士路155號
(03) 936-3114

典星坊
265宜蘭縣羅東鎮林森路146號
(03) 955-7558

裕明
265宜蘭縣羅東鎮純精路二段96號
(03) 954-3429

桃園

艾佳（中壢）
320桃園縣中壢市環中東路二段762號
(03) 468-4558

乙馨
324桃園縣平鎮市大勇街禮節巷45號
(03) 458-3555

東海
324桃園縣平鎮市中興路平鎮段409號
(03) 469-2565

和興
330桃園市三民路二段69號
(03) 339-3742

艾佳（桃園）
330桃園市永安路281號
(03) 332-0178

做點心過生活
330桃園市復興路345號
(03) 335-3963

台揚
333桃園縣龜山鄉東萬壽路311巷2號
(03) 329-1111

新竹

熊寶寶（優賞）
300新竹市中山路640巷102號
(03) 540-2831

永鑫
300新竹市中華路一段193號
(03) 532-0786

力陽
300新竹市中華路三段47號
(03) 523-6773

新盛發
300新竹市民權路159號
(03) 532-3027

萬和行
300新竹市東門街118號
(03) 522-3365

康迪
300新竹市建華街19號
(03) 520-8250

富讚
300新竹市港南里海埔路179號
(03) 539-8878

普來利
320新竹縣竹北市縣政二路186號
(03) 555-8086

苗栗

天隆
351苗栗縣頭份鎮中華路641號
(03) 766-0837

台中

德麥（台中）
402台中市西屯區黎明路二段793號
(04) 2252-7703

總信
402台中市南區復興路三段109-4號
(04) 2220-2917

永誠
403台中市西區民生路147號
(04) 2224-9876

敬崎
403台中市西區精誠路317號
(04) 2472-7578

玉記行（台中）
403台中市西區向上北路170號
(04) 2310-7576

永美
404台中市北區健行路665號
(04) 2205-8587

齊誠
404台中市北區雙十路二段79號
(04) 2234-3000

利生
407台中市西屯區西屯路二段28-3號
(04) 2312-4339

嵩弘
406台中市北屯區松竹路三段391號
(04)2291-0739

辰豐
407台中市西屯區中清路151之25號
(04)2425-9869

豐榮行
420台中縣豐原市三豐路317號
(04) 2522-7535

鳴遠
427台中縣潭子鄉中山路3段491號
(04) 2533-0111

彰化

敬崎（永誠）
500彰化市三福街195號
(04) 724-3927

王成源
500彰化市永福街14號
(04) 723-9446

永明
508彰化縣和美鎮鎮平里彰草路2段120號之8
(04) 761-9348

上豪
502彰化縣芬園鄉彰南路三段357號
(04) 952-2339

金永誠
510彰化縣員林鎮員水路2段423號
(04) 832-2811

南投

順興
542南投縣草屯鎮中正路586-5號
（04）9233-3455
信通行
542南投縣草屯鎮太平路二段60號
（04）9231-8369
宏大行
545南投縣埔里鎮清新里永樂巷16-1號
（04）9298-2766

嘉義

新瑞益（嘉義）
600嘉義市新民路11號
（05）286-9545
名陽
622嘉義縣大林鎮自強街25號
（05）265-0557

雲林

新瑞益（雲林）
630雲林縣斗南鎮七賢街128號
（05）596-3765
好美
640雲林縣斗六市明德路708號
（05）532-4343
彩豐
640雲林縣斗六市西平路137號
（05）534-2450

台南

瑞益
700台南市中區民族路二段303號
（06）222-4417
富美
704台南市北區開元路312號
（06）237-6284
世峰
703台南市西區大興街325巷56號
（06）250-2027
玉記（台南）
703台南市西區民權路三段38號
（06）224-3333
永昌（台南）
701台南市東區長榮路一段115號
（06）237-7115
永豐
702台南市南區賢南街51號
（06）291-1031
銘泉
704台南市北區和緯路2段223號
（06）251-8007
上輝行
702台南市南區興隆路162號
（06）296-1228
佶祥
710台南縣永康市永安路197號
（06）253-5223

高雄

玉記（高雄）
800高雄市六合一路147號
（07）236-0333
正大行（高雄）
800高雄市新興區五福二路156號
（07）261-9852
新鈺成
806高雄市前鎮區千富街241巷7號
（07）811-4029
旺來昌
806高雄市前鎮區公正路181號
（07）713-5345-9
德興（德興烘焙原料專賣場）
807高雄市三民區十全二路103號
（07）311-4311
十代
807高雄市三民區懷安街30號
（07）381-3275
德麥（高雄）
807高雄市三民區銀杉街55號
（07）397-0415
福市
814高雄縣仁武鄉京中三街103號
（07）347-8237
茂盛
820高雄縣岡山鎮前峰路29-2號
（07）625-9679
鑫隴
830高雄縣鳳山市中山路237號
（07）746-2908
旺來興
833高雄縣鳥松鄉大華村本館路151號
（07）370-2223

屏東

啓順
900屏東市民生路79-24號
（08）723-7896
翔峰
900屏東市廣東路398號
（08）737-4759
翔峰（裕軒）
920屏東縣潮州鎮太平路473號
（08）788-7835

台東

玉記行（台東）
950台東市漢陽北路30號
（08）932-6505

花蓮

梅珍香
970花蓮市中華路486之1號
（03）835-6852
萬客來
970花蓮市和平路440號
（03）836-2628

國家圖書館出版品預行編目資料

新手甜點 / 李建生著. -- 初版. -- 臺北縣深坑鄉：葉子, 2007 [民 96]
面； 公分（銀杏系列：9）

ISBN 978-986-7609-96-0(平裝)

1.食譜－點心

427.16 96006771

銀杏 Ginkgo

新手甜點

作　　者　李建生

出 版 者　葉子出版股份有限公司
文字編輯　簡敏育
攝　　影　徐博宇、林宗億（迷彩攝影）
美術設計　行者創意—許丁文
印　　務　許鈞祺

地　　址　台北縣深坑鄉北深路三段260號8樓
電　　話　(02) 2664-7780
傳　　真　(02) 2664-7633
讀者服務信箱　service@ycrc.com.tw
網　　址　http://www.ycrc.com.tw
郵撥帳號　19735365
戶　　名　葉忠賢

印　　刷　興旺彩色印刷製版有限公司
法律顧問　煦日南風律師事務所
總 經 銷　揚智文化事業股份有限公司
地　　址　台北縣深坑鄉北深路三段260號8樓
電　　話　(02) 2664-7780
傳　　真　(02) 2664-7633

初版一刷　2007年6月　新台幣：350元
I S B N　978-986-7609-96-0

廣　告　回　信
臺灣北區郵政管理局登記證
北台字第8719號
免　貼　郵　票

222-□□
台北縣深坑鄉北深路三段260號8樓

揚智文化事業股份有限公司　　收

□□□-□□
地址：　　市縣　　鄉鎮市區　　路街　段　巷　弄　號　樓
姓名：

葉子出版股份有限公司

讀・者・回・函

感謝您購買本公司出版的書籍。

爲了更接近讀者的想法，出版您想閱讀的書籍，在此需要勞駕您詳細爲我們填寫回函，您的一份心力，將使我們更加努力！！

1.姓名：＿＿＿＿＿

2.性別：□男 □女

3.生日／年齡：西元＿＿ 年＿＿月 ＿＿ 日＿＿歲

4.教育程度：□高中職以下 □專科及大學 □碩士 □博士以上

5.職業別：□學生□服務業□軍警□公教□資訊□傳播□金融□貿易
□製造生產□家管□其他＿＿＿＿

6.購書方式／地點名稱：□書店＿＿□量販店＿＿□網路＿＿□郵購＿＿
□書展＿＿＿□其他＿＿

7.如何得知此出版訊息：□媒體＿＿□書訊＿＿□書店＿＿□其他＿＿

8.購買原因：□喜歡作者□對書籍內容感興趣□生活或工作需要□其他

9.書籍編排：□專業水準□賞心悅目□設計普通□有待加強

10.書籍封面：□非常出色□平凡普通□毫不起眼

11. E－mail：＿＿＿＿＿＿＿＿＿＿＿＿＿＿＿＿＿＿

12喜歡哪一類型的書籍：＿＿＿＿＿＿＿＿＿＿＿＿＿＿

13.月收入：□兩萬到三萬□三到四萬□四到五萬□五萬以上□十萬以上

14.您認為本書定價：□過高□適當□便宜

15.希望本公司出版哪方面的書籍：＿＿＿＿＿＿＿＿＿＿

16.本公司企劃的書籍分類裡，有哪些書系是您感到興趣的？
□忘憂草（身心靈）□愛麗絲（流行時尚）□紫薇（愛情）□三色堇（財經）
□ 銀杏（健康）□風信子（旅遊文學）□向日葵（青少年）

17.您的寶貴意見：

＿＿＿＿＿＿＿＿＿＿＿＿＿＿＿＿＿＿＿＿＿＿＿＿＿

☆填寫完畢後，可直接寄回（免貼郵票）。
我們將不定期寄發新書資訊，並優先通知您
其他優惠活動，再次感謝您！！

葉子